中国乡村建设系列丛书

把农村建设得更像农村

理论篇

孙君　徐宁　著

江苏凤凰文艺出版社
JIANGSU PHOENIX LITERATURE AND ART PUBLISHING, LTD

前 言

受邀与孙君老师一起编写这本书时，不禁想起第一次拿到孙君编著的《农道》。我匆匆翻阅，一下子就被末页上一张手绘图吸引了。这张“乡村建设中国路径图”，用时间轴加文字说明，密密麻麻地标注出民办非营利组织“绿十字”从1999年到2014年所有乡建项目，并用不同的符号注明成功案例、失败项目、深度调研和进行中的项目。连失败的项目都这样清清楚楚地告诉给读者，让我心存敬意。

如大家所知，孙君老师是位画家，是位半路出家的设计师，不是景观、建筑、环艺之类的科班出身，在投身乡建之前也没有什么大项目、大制作加身。然而，从1999年承接北京延庆碓臼石村“环境保护教育基地建设”项目开始，到成立“绿十字”，再到比这张手绘图上呈现给我们的更多的项目一个个实施、落地……乡建近20年，孙君老师以他的执着、不懈、乐观、积极，以他对乡村、对农民的深刻理解以及最淳朴、最接地气地融入，以他的开放、接纳和孜孜不倦，让越来越多的人走近他、走近“绿十字”，一起投身到乡建的实践中，在他的带领下，创造了一个又一个读得懂乡情、解得了乡愁、走得到乡间、品得出真实乡村情感的项目。这次，“绿十字”在几十个项目中进行筛选。每当同孙君老师聊起这些项目，他不仅能如数家珍地随口说出项目在哪里、什么时间做的、有多大规模、牵涉了多少乡镇村民，更会特别认真地说出每个项目最大的难点、特点、亮点，可取之处、成功之处在哪里，什么地方有欠缺、失误，甚至他为什么会觉得某个项目是不成功的、是个败笔……而最打动我的，是每到这时孙老师眼睛里透出的光亮，以及言语中流露的真情感。我整理了其中的一些内容，才有了本书最后的“与孙君面对面”，作为对实践篇项目的集中点评和简介。

关于孙君、关于“绿十字”的乡建，前前后后已经出版了很多本书籍。这一次，我们希望能以不同以往的方式，将孙君老师和“绿十字”乡建近20年历程中的思想、理念、方法、路径等理论上的研究、探讨和成果汇集成理论篇；同时，将选取有代表性的、有特色的、有借鉴和参考价值的经典项目，以独立项目从调研、策划，到与各级政府、无数村民沟通交流，再到意向达成、方案确定、逐项实施、完整落地的全过程为主轴，逐一解析展开、编辑成册，通过手稿、实景图、设计图、访谈等资料还原项目的开展，集结成涵盖数个项目案例的实践篇。借此结出一颗有情怀、有温度、有质感的，从乡村生根而出的果实，使读者能从中获取全面、丰富的乡建理论指导和具有可操作性的实践经验。

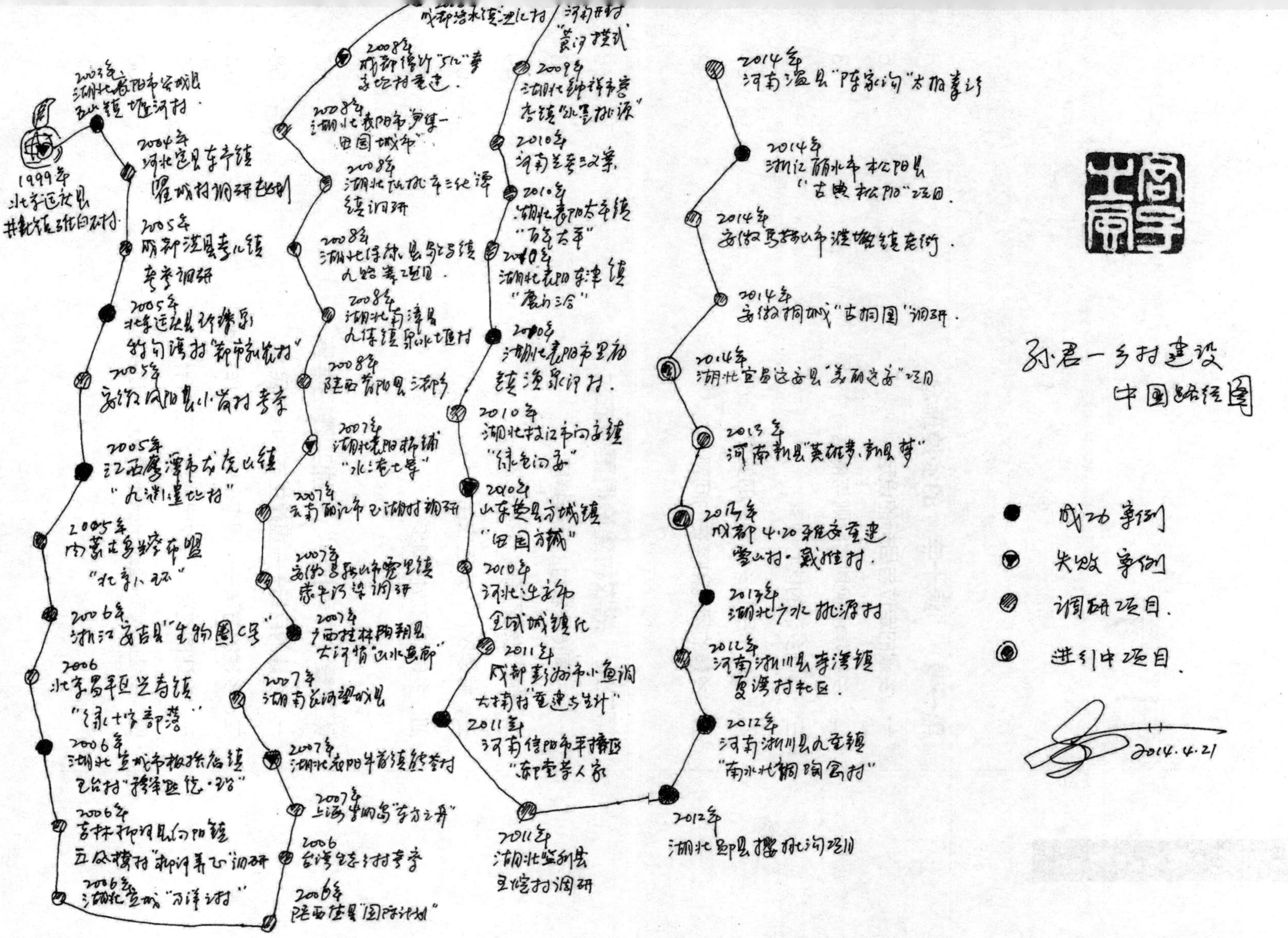
孙君—乡村建设
中国路径图
成功案例
失败案例
调研项目
进行中项目
2014.4.21
1999年
2003年
2004年 河北定县东亭镇
2005年
2005年 江西鹰潭市龙虎山镇
2006年 浙江安吉县"生物园区"
2007年
2008年
2009年
2010年 河南兰考三义寨
2010年 湖北枝江市问安镇"绿色问安"
2011年
2011年 河南信阳市平桥区"郝堂茶人家"
2012年 河南淅川县九重镇"南水北调陶岔村"
2012年 河南淅川县寺湾镇 夏湾村社区
2013年 湖北广水桃源村
2013年 成都4·20雅安重建
2013年 河南新县"英雄梦、新县梦"
2014年 湖北宜昌远安县"美丽远安"项目
2014年 安徽桐城"古桐园"调研
2014年 浙江丽水市松阳县"古典松阳"项目
2014年 河南温县"陈家沟"太极养生

目录

第一章 “绿十字”的乡建理念

一、乡建的定位与目标的设定

在新农村建设中，明确乡村建设的定位与规划、设定好乡村建设的目标与方向至关重要，这决定了乡村建设的路径方法、实际成效以及未来的可持续发展。“绿十字”根据其自身组织机构的特点，提出了具有“绿十字”乡村建设特色的定位与目标设定，以及与之相适应的乡村发展规划理念。

（一）“绿十字”乡村建设定位的依据

要开展乡村建设，首先要了解乡村建设的主体——乡村和农民的特性，其次要清楚乡村建设的目的和方向，即要给乡村建设一个明确的定位。“了解中国就要先了解农民，做好新农村建设就更要了解乡村。农村建好了，农民日子好过了，用乡村的文明来影响城市，用城市的文化来回馈农村，社会和生活就会更美好。”

1. 对中国乡村社会和农民的判断

要建设乡村，首先是要了解中国的乡村和农民，要对其现实与历史的情况有一个清晰的认知和正确的判断。

第一，对中国传统的农村社会和农民的判断。

经过多年的乡建实践，“绿十字”对中国乡村有非常清晰的认识，包括：传统的中国农村是一个熟人社会，人与人的关系就靠熟人的概念来维系；农民是一个组织松散的群体，可是情感在大是小非面前是凝聚的，又是一致对外的；农民们喜欢有情、有义、有本事的人，他们做人的原则和交朋友的原则简单而且原始；城乡的价值观相差甚远等。这是“绿十字”对中国传统农民一些典型特征的判断与概括。

因此，“绿十字”认为，中国的乡村建设只能依据中国乡村的实情和中国农民的特性——农村是一个道德的自律社会，可是农民多是一个以自己利益为上的个体。农民、市民和公民三个身份中，农民身上有较多的公民色彩，他们在道德、爱心、互助三个方面比市民有责任感……了解中国就必须了解农民，做好新农村建设就更要了解乡村。中国农民史就是一部“中国史”的缩影，农民日子好过了，中国就有希望了。采用适合于建设乡村的方法——从小事做起，从身边的事做起，从改变人们的观念和生活环境入手，而不是用城市建设的大拆大建、大开大合。只有这样，才能实现新农村建设预期的目标。

第二，对乡村建设中的新农村、新农民的判断。

客观地讲，所谓新农村或新农民并非是一个新的概念，它是在中国新的乡村建设时期相对传统的农村和农民而衍生出来的一个概念。对此，不同的人站在不同的角度有着不同的判断和解读。在党的十六届五中全会上，将“新农村”定义为一个农村经济、政治、文化全面发展与全面进步的农村，即通常所说的“生产发展、生活宽裕、乡风文明、村容整洁、管理民主”的农村。新农民则是指有文化、懂技术、会经营的新型农民。中央财经领导小组办公室副主任、中央农村工作领导小组办公室主任陈锡文认为，所谓新农村，是指生产力有新的发展、农民的生活有明显改善、农村的基础设施建设得到明显加强、农村的社会事业有明显的发展以及农村基层的民主政治建设继续向前推进的农村。原农业部农村经济研究中心主任、现中国农业大学校长柯炳生对新农村、新农民有更详细的解读，他认为，新农村应包括新房舍、新设施、新环境、新农民、新风尚五方面：即因地制宜地建设各具民族和地域风情的居住房；完善基础设施，道路、水电、广播、通信、电信等配套设施要俱全；生态环境良好、生活环境优美，尤其在环境卫生处理能力上要体现出新的时代特征；新农民是指有理想、有文化、有道德、有纪律的“四有农民”；新风尚就是要移风易俗，提倡科学、文明、法治的生活观，加强农村的社会主义精神文明建设。

对于新农村或新农民，“绿十字”也有自己的判断和解读：所谓新农村，就是农民满意并参与新农村建设，并进一步解释：所谓新农村，从精神层面来说就是农民新的希望，从形式上来说农民支持、农民参与、农民自律、农民能受益的就是新农村。新农村是建立在旧农村基础之上的，应该对旧农村好的传统进行继承和发扬，这里涵盖了这个村的历史、文化、村庄的民风、村庄的精神沉淀，在这样一个基础上建设的新村，就会有血有肉，就会继往开来。在精神层面上，新农村还要包括新的思想、新的观念、新的价值观，如理念和道德、文化与希望。今天我们做新农村建设，要把看得见的与看不见的同步进行，只有这样，我们的新农村才能有前瞻性、复制性、思想性。

正是基于对新农村建设中新农村和新农民的判断和解读，“绿十字”在其乡村建设的实践过程中认为培养新干部、新农民是新农村建设的根本，并把转变乡村干部的思想作为实现新农村建设的重要方法。

2. 对乡村建设内涵与实质的判断

乡村建设作为一种乡村社会发展的策略、一种以改造乡村社会为直接目标的实践性社会运动，反映的是乡村社会系统结构和功能的更替过程。它是在乡村的社会制度和社会秩序受到严重冲击、农村和农民的问题变得尖锐和复杂化时的一种乡村变迁的过程。正确理解乡村建设的内涵和实质，对于乡村建设目标的设定和路径的选择都具有十分重要的意义。

第一，乡村建设运动的认识和判断。乡村建设与任何其他的社会运动一样，也有其特定的内涵与实质。不同的时代背景和社会历史条件下，人们对它的判断与解读也存在着一定的差异。作为新时期乡村建设的参与者，“绿十字”对何为乡村建设提出自己的判断和解读：“乡村建设，是一种文化与理念的传播，是农耕文明的修复，也是现代文明的融会。”所以，在乡村建设实践的过程中，他们认为作为这个时代的知识分子，在新时期的乡村建设实践中，所承担的工作不再是呼吁和理念，更多的是行动与实践。正是基于这种对乡村建设运动的内涵与实质的判断，“绿十字”在乡村建设实践中，提出了“把农村建设得更像农村”“农民参与、合作共赢”的参与式乡村建设理念与实践路径。

第二，中国新时期乡村建设的意义。乡村建设一直伴随着中国的历史延续至今，只是内容和形式的不同而已，在某种程度上是农业、农村和农民问题（即所谓的“三农问题”）变得突出和尖锐时的一种乡村改革的选择，今天的新农村建设也是如此。

新农村建设是一个综合性的、系统化的目标体系，是一个庞大的系统性的社会工程，不只是追求乡村社会的单一的或某一方面的成功，而是全面的、协调的、可持续的乡村发展。所谓新农村建设，并不是全部要建新的房子，也不是指村干部和村民要接受新的文化、科技、环保、有机农业理念。而乡村的传统美德、历经风雨的旧房子和历史文化是新农村建设的文化源头，新农村要有新的文明行为、美丽的村组环境、和谐与稳定的人与人的关系、先进的观念和文化，宗旨是建立“常规心态的新农村、新农民、新思想”。

就开展乡村建设的必要性，“绿十字”有着独到的见解。正如孙君所言，三农不是问题而是希望，今天的农村和农民发生了很大变化，“永远的批判不能有利于问题的解决”，而正确的态度是“我们现在要做的只是如何帮助农民开启他们的智慧，规划未来新农村建设的目标，以可持续发展的眼光来建设新农村”。在这个过程中，要始终以积极的态度，与有问题的乡村和政府一起找寻答案。每到一处，“绿十字”不再只是讲问题，而是告诉他们：这里的问题充满机遇和挑战，我们一起去面对。问题与希望，因为不同的心态而出现不同的结果，心态决定结果。

第三，新农村建设有效路径的判断。虽然新农村建设的必要性和重要性得到了社会的认可，但是在如何开展乡村建设、其有效路径又是什么等问题上，在人们的建设实践过程中却存在很大的歧见。中央农村工作领导小组办公室主任陈锡文认为，“新农村建设的落脚点（焦点问题）依然是农民的增收和农村经济的发展”。具体地讲，一方面要以坚持发展农村生产力和经济发展为中心；另一方面要加快完善乡村体制机制建设，使其与农民的要求和承受能力相适应；同时要通过城乡统筹，解决农民最无奈、最无法解决的问题以及建设一个好的农村环境。乡村建设的重点是在现有基础上的组织创新和制度创新，农民只有组织起来，才能有效地应对市场。

（二）“绿十字”乡村建设的定位与目标设定

想要在新农村建设中取得成功，不仅要知晓中国的乡村社会和农民的历史与现实情况，还要明确新农村建设的目标、确定新农村建设的方向，即有一个明确的乡村建设目标定位。

针对于此，不同的组织机构从各自不同的目的出发有着不同的目标定位。“绿十字”根据自己的组织特性和实践理念提出了自己的观点：新农村建设不能千篇一律、照抄照搬，要结合各村实际，大力探索适合本村新农村建设的切入点，如环境整治、有机农业、培育新农民、新的文明行为，以此来培育美丽的乡村环境、和谐稳定的人际关系、先进的观念和文化等；把农村建设得更像农村，在生活、生产、行为、环境、社会性上突出乡村田园特色，打造开发村庄特有的市场价值。

1. 把农村建设得更像农村

“把农村建设得更像农村”，既是“绿十字”乡村建设理论的核心思想，也是“绿十字”乡村建设的目标定位，孙君所著的《农道》一书就新农村建设方向性问题开宗明义地提出，所谓“把农村建设得更像农村”，就是在新农村建设的过程中，在引入现代化元素的同时，也不能摒弃农村固有的本质属性和优良的传统乡村文明。这是一个既有现代城市文明意识又有农村传统文化特点，即“新村与旧村并存，城市文明与乡村文化共融，绿色与产业相结合”的新型农村。对农民来说就是树上有鸟，河里有鱼，粮食能增产，住上好房子，孩子能上好学，干群和谐，邻里互助。

之所以提出“把农村建设得更像农村”，一方面，新农村是为农民而建的，所以满足农民的日常生产生活便利化需求，应该是新农村建设的首选目标。而由于农业生产的特性，把新村建在现在的自然村，对农民的生产生活而言是最为便利的。另一方面，新农村建设是为了给农民提供公共基础设施，是为了改善农民的生产生活条件。因此，一些地方采取大拆除、大搬迁的方式有违新农村建设的本意。同时，青山绿树、鸟语花香、稻麦阡陌、鸡犬相闻是农村的固有属性，如果新建的农村到处是水泥、高楼、工厂、商厦，那只是城市而非农村。所以，我们的新农村建设应该给人耳目一新的感觉，应该恢复农村本来就拥有的人文传统和自然环境，让农民生活在一种温暖、和谐的社会之中，同时也让那些精神紧张、不堪污染的城里人被农村田园诗般的意境所吸引。正如孙君所言，把农村建设得更像农村，这是一个很适合中国农村发展的理念，在未来的发展中，特别是现在的农村，已是城市发展中不可分割的一部分，我们不能再把农村建设得村不村、城不城。保护旧村、保护历史、保住民间文化、保住农民的朴实无华和真诚勤劳是未来新农村的最大希望。

那么，如何才能把农村建设得更像农村？

第一，保护传统的农村和农民的特殊性。土地、农民、农业产业和血缘家族秩序是传统农村即孙君常说的“旧农村”的固有本质属性，中国传统的农村文明，集儒家文化和各类文化信仰为一体，形成独特的文化内容和特征，这是中国农村的特殊性。“建设新农村，就一定要了解旧农村，更应该了解农村社会的特殊性。”“绿十字”认为，农村不是城市，农村也不是园林。中国的农村有悠久的历史，农村还有近 8 亿的农民，村庄、农民、动物（家禽）、土地四者之间形成了完整的农村元素，这四者分离后就不是农村，特别是农民如果没有土地那就不能再称为农民，而且这四大元素相互依存，融入人们的生产生活的各个层面。村组依附于土地和自然，生存于四季之中，活在天和地之间，只有这样做，农民才知道可以生存下来。几千年来农民就是这样一点一点地走进了自然的世界，熟悉了自然的性格，与自然有了深厚的感情。同时，也对自然有了敬畏之心，这就是我们真实的农村特点。所以，我们的乡村建设实践，不能轻易地去改变他们的生活方式，去让农民过城市人的生活模式，这不可能，也会出问题。因此，今天的新农村建设，应该非常清楚农村与城市的特殊性，否则就会出现城不像城、村不像村。

第二，要找准乡村建设的方法。“绿十字”认为，乡村和城市本来就是两种不同社会结构和生产生活方式的社会，乡村与城市的改造和建设的方法也应是两种不同的方法。在乡村建设中，如果用城市的“西医疗法”去建设乡村、改造乡村，虽然一些地方可能在短期内起到立竿见影的效果，但那只是治标不治本的措施。要解决中国乡村目前存在的问题，就要像中医一样从它的“根”上去寻找解决的办法。所以，这是一个长期的过程、是一个组织架构的重组、是一种文化素质的提升、是一种观念的改变，更是一种生产和生活方式的改变。

2. 构建乡村价值体系，重树城乡市场定位

这是“绿十字”提出的具有前瞻性和思想性的乡村建设理念，既是中国未来的改革与发展所要面临的一个全局性的社会问题，也是新乡村建设所要解决的一个紧迫的现实问题。

第一，从社会学和经济学的角度来看，乡村和城市是两种不同社会结构和社会功能定位的组织形态，它们有各自的价值体系和市场目标。首先，乡村人口密度低、聚居规模较小，以农业生产为主要经济基础，社会结构相对较简单，由具有类同特点的人居生产群落构成，是一个相对独立的、具有特定的经济社会和自然景观特点的地区综合体。即它不仅是一个综合的经济实体，也是一个包括经济以外的政治、文教、风俗等所有活动的社会，一个以道德和诚信为价值核心的“熟人社会”。如孙君所言，“乡村以自然为中心的生活方式与城市截然不同。城市是工业化的规模性经济，农村是家庭式的个体性经济，城市与乡村在对生活、生产、文化、道德甚至时间的认识上都不一样。乡村是城市的梦想，是城市最后的心灵家园。”而城市是一个人口集中、工商业发达、生活方便、教育先进、居民以非农业人口为主的集群区域，通常是周围地区的政治、

经济和文化的中心。从经济学的角度讲，城市是具有相当面积、经济活动和住户集中，以致在私人企业和公共部门产生规模经济的连片地理区，是各种经济市场——住房、劳动力、土地、运输等相互交织在一起的网状系统，是一个以法律和制度为价值核心的“公民社会”。

第二，乡村的价值体系和市场目标受到严峻的挑战。中国的改革对原有的乡村价值体系和市场目标的挑战是不言而喻的，而且这种挑战因为城乡差距的加大变得越来越严峻。这表现在：一方面，人们在求富上变得更加急功近利，使农村环境遭到严重的破坏。另一方面，人们尤其是青年人呈现出少有的极端与偏激，导致人心的离散与道德的迷失以及乡村秩序和组织治理能力的弱化。在新农村建设的过程中，“构建乡村价值体系，重树城乡市场定位”不仅是十分重要的乡村建设理念，而且也非常紧迫和重要。明确我们到底想要保留什么，要改变什么，这一点在新农村建设中非常重要。

3. 让农民生活更方便，让农村社区更和谐

建设一个便利的生产生活环境、一个和谐优美的社区，既是乡村现实发展的需要，也是新农村建设的目标和任务。因为新农村建设的核心就是要建设一种低消费，高福利的生活方式，就是要在温饱问题已经解决的前提下，通过改善人与人、人与自然环境、人与自己内心世界的关系，通过挖掘中国传统中天人合一的智慧，通过提高生活质量，而非提高消费数量的办法，建立以人为本的新的生活方式。这也是“绿十字”在其乡村建设实践中提出“让农民生活更方便，让农村社区更和谐”理念的根本原因。按孙君的话就是：让垃圾不出村，让污水不入河。一有五不做：一张农民能看懂的图，不靠路、不填塘、不劈山、不占田、不砍树。简单说来，就是建立一个既有现代城市建设元素——环境干净、垃圾分类，又有乡村田园风光——河里有鱼、树上有鸟、地上有虫的新型农村。

要实现这个理念，首先就要改变乡村干部新农村建设的思维方法和农民的生活方式。按孙君的话就是“还民于真实、简约于生活”。一方面，要从农民的具体生活入手，进行公众生态教育，提倡公众参与，帮助农民获得环境保护的知识，树立新的生态伦理观、环保意识以及保护生态环境的道德责任感。让农民在关心自身生活的同时，关怀周边的环境。另一方面，要完善农村社会制度，构建和谐的农村社会。在今天的农村，与农业经济问题相比，农村的社会问题更令人担忧。所以在新农村建设中逐步建立起比较符合农村实际的社会保障体制，逐渐把在城市中已经相对过剩的社会文化资源引向农村，适当地引入外来

志愿者为农民提供一些卫生知识、文艺知识等，帮助农民把各种社会文化组织发展起来，比如成立老年协会、妇女协会。这些工作做到位了，就能率先在农村达成构建和谐社会的目标，是实现农民生活更方便、农村社区更和谐的重要手段。

二、乡村建设规划的原则与依据

规划，是指通过对未来整体性、长期性、基本性问题的思考、研判和设计来谋划未来长远全面的整套行动方案。规划从字面上由“规”和“划”两部分组成。所谓“规”，是指法则、章程、标准，“规”是起，它是从战略层面而言；所谓“划”，是合算、刻画的意思，“划”是落，它是从战术层面而言。而乡村建设规划是涉及政治、经济、文化、教育、卫生、社会福利、生态、环境、农业、建筑和科技等诸多领域的长期建设和发展的总体部署，是指导乡村建设和发展的基本依据。

乡村建设规划是新农村建设的原则和依据，制定科学、可行的乡村建设规划，对促进新农村建设的可持续发展、实现新农村建设的预期目标具有十分重要的意义，即一个乡村要有好的发展，必须要有一个好的规划。

（一）乡村建设规划的主要内容

乡村建设规划作为指导新农村建设的依据，是一项综合性、实践性很强的系统工程，所以，明确乡村建设规划的核心内容、把握乡村建设规划的基本原则，对制定科学、可行的乡村建设规划极为重要。

乡村建设规划作为一个复杂的系统工程，不仅包括涉及乡村的社会民俗学、自然学和建筑学等全局性、方向性规划的编制，还包括具体的乡村建设项目的单一性和独特性的规划制定。前者属于乡村社会与经济发展的整体性战略规划，包括：乡村自然、经济资源的分析评价，乡村社会、经济的发展方向、战略目标及其地区布局，乡村经济各部门发展规模、水平、速度、投资与效益以及实现乡村规划的措施与步骤。后者则是乡村建设所涉项目的个案规划，如村庄环境整治规划、乡村公共基础设施建设规划以及农户房屋改造与新建（即乡村房屋建筑）规划等。“绿十字”的组织特性决定了其在新农村建设中参与规划的重点在于后者，即主要集中在诸如村庄环境整治规划、农户房屋改造与新建（即乡村房屋建筑）规划等个案规划中。同时，也与前者有着密不可分的关联。

对于“绿十字”乡村建设规划的主要内容，孙君做了详细介绍：“绿十字”在对农村进行调研时，不但要对农村的经济、农民的生活进行调研，同时还要非常重视新农村建设中的规划调研，关注农民的思想和行为，关注本土文化与生态环境，关注政府的最新政策，关注做事的人。孙君认为，规划分为三个层面：一是“人文精神”，这是规划中的最高境界，像“五山模式”中的五山茶坛祭祀，就属于人文精神规划；二是“生态平衡”，这个工作属于多边缘、跨领域、跨学科，又需要资源整合，在政府系统很难做，这个模式在宜昌枝江市问安镇做得有些成效；三是“建筑艺术”，建筑是工程，是理性的，而艺术是创作，是文化，是感性的。只有这三个层面统一，才是完美的规划。

（二）乡村建设规划的原则

乡村建设规划的原则是乡村建设规划的核心与灵魂，直接关系到所制定出来的乡村建设规划的合理性和可行性。规划不应是“规划规划、墙上挂挂”，规划落地是目的。规划要贴近农民、贴近村情，而不是只让领导喜欢。一是生活与生产方式的规划，二是文化与精神建设的规划，三是公众参与的规划。现在把规划简单化了，如果规划成了政府或专家的事，那是不对的，建设新农村是要建设农民需要的新农村，而不是干部和专家需要的新农村。规划是让村民知道“我们村要发展了，我们要建设了，要参与了，要奉献了”，而不是干部很辛苦、专家很认真、农民不知道。在“绿十字”看来，一个科学、合理、可持续发展的乡村建设规划，应遵循以下三方面的原则：

首先，目标与特色的原则。新农村建设中，乡村建设规划应突出乡村和农民这两个主体。既然农民是新农村建设的主体，那我们的项目就应该围绕为农民做事开展。因此，明确乡村建设目标，使规划围绕乡村和农民来谋划和设计是乡村建设规划的首要原则。另外，乡村建设的规划应反映乡村的本质属性和文化特色。“绿十字”在很多乡村的规划建设中，都遵循乡村的特点，避免用城市的那一套发展模式来建设乡村。因为乡村和城市是两个截然不同的世界。所以，乡村建设规划一方面要突出当地风貌，即还原以自然村落的肌理为主调的纯朴乡村；另一方面，要反映乡村本质属性，包括保护耕地、田园、山水、丛林、花草、飞禽、家畜、渔业、牧业等，以及农民房舍、院落、生活设施及建筑，以此还原乡村特有的安静闲适的感觉，营造没有污染、没有喧闹、远离浊世、清净悠然的田园意境。同时，还要融入历史、文化和景观三大元素。任何一个村落、一幢建筑或者一株古树都有它特定的历史和文化的底蕴，有它独有的景观效用，是村庄中的一员，是与村民们的生活、生产息息相关的生命体。所以，在乡村建设规划中强调原始古朴、自然生态的村庄环境特色，强调历史、文化和艺术元素地融入，主要是对现有村庄空间格局的保护、建筑的维护与更新、生活环境及基础设施的改善，以此节制乡村建设向城市特色发展的趋势。

其次，因地制宜与切实可行的原则。按孙君的话就是立足于“一方水土养一方人”来做规划。每个乡村有自己的自然环境特色，也有自己的历史、文化和风俗特点，要尊重这种差异性，在制定乡村建设规划时坚持因地制宜、切实可行的原则，才能使规划具有合理性、前瞻性和生命力。为什么很多干部都不停地修改乡村建设规划？不是他们想改，而是规划总是找不到方向，感觉远离现实，很难落地，更难操作。如果规划做得到位，让农民喜欢，且具有操作性，乡村干部就不会总改规划。

第三，效用与自愿的原则。一个好的乡村建设规划不仅要切实可行，而且要可持续，既要满足当前的建设需要，也要符合未来的发展方向，这就是效用的问题。为此，一方面要把握好“三性”：前瞻性，即在乡村建设规划中要坚持用超前的意识、长远的眼光、发展的思路来进行规划；特色性，即在规划布局时要结合乡村的自然特点、人文景观、产业特色和发展趋势；合理性，即在前瞻性、特色性的前提下，通过对土地利用、景点绿化、交通通信、环境保护、排灌系统等进行合理的布局和安排，形成设施齐备、功能完善且各成体系又相互依托的功能区块。另一方面，要尊重农民的意愿。农民作为新农村建设主要的受益者，一个好的、科学的规划应该是“从村民中来，又还与村民，才是真正地为民祈福”。所以，在规划中必须坚持尊重农民意愿的原则，吸纳农民的建议。农村村庄规划，不能简单看作农居点的规划和老村庄的改造，除了使它既能反映乡村的特色，又要适应区域的产业结构，还要做好农村住房个性设计，尊重农户住房习惯，方便生活和耕作，引导农民竖立科学的建房观念，改变他们对于住宅拆了建、建了拆的观念。

（三）乡村建设规划的作用与意义

乡村规划是乡村建设的依据和指引，一个科学的、实用的、具有前瞻性的新农村建设规划对新农村建设具有非常重要的作用。

一方面，新农村建设需要规划先行，才能保证新农村建设成效与预期目标的实现。正如孙君所言，新农村建设规划先行，这里的规划涵盖了社会学和人类学的很多因素。要解决三农问题，我们就要从做系统性的规划开始，这也是新农村建设中的希望之本。规划对一个乡村的建设来说是第一位的，它能给村民们一个希望、一个对未来的向往，是令村民们满意的，能通过村民及政府的努力实现的，才能得到村民们的拥护与支持，并最终得以实施和完成。

另一方面，重塑新的、符合当前及未来新农村建设发展需要的乡村规划，是乡村建设的紧迫需求。自新农村建设开始以来，随着各地新农村建设不断地向纵深发展，许多地方的乡村建设规划都是“应付”式规划，而且有的地方政府或设计部门一个月能出几十个村规划。这样的批量生产，不仅体现不出每个乡村的个性，更谈不上对新农村建设的科学合理的引导。所以，加快制定合理的、切实可行的乡村建设规划迫在眉睫，也是重中之重。

（四）乡村建设规划制定的依据与方法

一个乡村建设规划的制定，不仅要遵循乡村建设规划制定的原则，还要探寻乡村建设规划制定的科学依据和有效方法。只有这样，才是科学的、合理的。

1. 乡村建设规划制定的依据

所谓乡村建设规划的依据，就是乡村建设规划的“根”；寻找乡村建设规划的依据，就是寻找乡村规划的“根”。这个“根”包括两个方面的内容。第一方面是来自国家的政策层面要求。通常一个乡村建设规划的制定要根据乡村的资源条件、现有生产基础、国家经济发展方针与政策，以经济发展为中心，以提高效益为前提。另一个方面是来自乡村自身历史、文化、艺术的深刻内涵，来自“乡村文化底蕴”，是文化和精神层面的东西。在规划中最难的不是技术层面的，而是规划中的文化与精神内容，这部分的软件规划是规划的生命力所在，也是我们项目的定位。目前不少地方的乡村规划基本是用城市的概念来设计农村，做得好一点的规划大多也就是通过园林设计来体现。这些做出来的规划中很多理念是从北京和上海搬来的，没有自己的思想和生命基础，特别是没有本土文化的根基。说得再形象一点，规划做得很漂亮，像一个美丽而没有思想的“傻姑娘”，其结果就像今天城市千篇一律的结局。所以，“绿十字”认为，一个科学可行的规划，应是从“探寻乡村文化底蕴”的方向来“寻求乡村规划的根”，并由此“根”而制定出规划。

2. 制定乡村建设规划的方法

如前所述，一个好的乡村建设规划要求很多，但最重要的是要符合当地的实际、符合农民的意愿。如何做到这两点呢?

首先，走进乡村，了解乡村的民俗与文化。不同的乡村村落有着不同的地理、气候、自然条件，不同的民族有着不同的历史文化渊源和民俗精神信仰。乡村的建设作为体现这一差异性的载体，其规划必须符合这种差异性表征。而要了解这种差异性，就必须走进乡村、走进农民的生活、走进记载和反映乡村文化与民俗特色的地方。对此，孙君认为，好的规划来源于“请教本地的文化名人、老人和村干部，他们通晓乡村的发展历史及文化渊源；观察本地人的生活习惯，从地方志查询当地的地域资料，到博物馆和展览馆寻找乡村的历史；要经常到乡村去走走，对该地域的遗址、古建、名胜进行旅行考察；参加他们的红白喜事，体验乡风民俗；更重要的要了解政府近三年的发展规划。这样，对一个乡村的情况有整体的把握，才能看清乡村的发展方向，也才能为乡村做一个符合地域特色的可实施的规划”。正是因为在乡村规划中对乡村文化元素的极为重视，才使得“绿十字”提出了“把农村建设得更像农村”，以及把公众参与作为新农村建设原则的乡村建设理念。

其次，是要尊重乡村的个性，反映乡村的特色。一方面是要体现在乡村建设的整体规划上。乡村的基本特征之一就是乡村的基本生活模式是自然化的，这种自然化通常有两个比较明显的特征。一是开放性，即“它与周边的农田和自然环境是高度地相互渗透的”。二是同质化，即村庄的自然特质和周围自然环境的空间特质大体上是同质的，村庄拥有独有的、闲适的生活方式，没有朝九晚五的节律、只争朝夕的渴望和诱惑，也没有城市内甚至城际间马不停蹄的奔波。乡村的生活是日出日落的循环、春夏秋冬的交替，缓不得也急不得。因此，树荫下的小憩、村头井边的闲聊、社火和村戏就形成了典型的乡村意象。所以，乡村规划的目的“是有意识地为这种意象的存在和延续安排和提供恰当的空间场地”，是要体现出“乡村具有一种天然的质朴气息”和“创造性的功能简约”，即“乡村营造一般总是直白、干净利落的，它不矫揉造作，不铺金陈银，但它充满了逻辑、创造和想象。乡村建筑简洁明了，但并不简单”。

第三，把握乡村规划的内涵与未来发展方向。在“绿十字”看来，规划是一件非常专业的事，是“集建设、文化，生活、生产、艺术于一体”的综合体，这是乡村规划应把握的内涵实质。但在现在乡村建设规划的制定过程中，“如果政府还是用原有的规划理论、传统的旧观念来面对新的农村，显然不专业。这时政府察觉出问题了，他们自己在新农村建设中迷惑了”。之所以出现这种结果，是因为“农村毕竟是农村，要与他们的收入相对称，要与他们的文化、生活、习惯相对应”。在“绿十字”看来，“乡村人的精神、乡村人的友善、乡村人的爱心是那样质朴，是现代化的都市人远远不可比拟的。乡村人的状态离我们所倡导的人与自然和谐的状态很近，他们现在的生活方式和精神境界，在某些方面就是都市人所向往的，也是后现代主义推荐的理想境界”。所以，体现乡村多样性，体现乡村人的精神、友善、爱心与质朴，是乡村规划的未来发展。

第四，乡村规划中的动态规划与静态规划的区别。乡村规划因为资金不确定、项目不确定、土地不确定、政府领导任职不确定（换届），所以我们不能做确定的规划。更重要的是规划一旦挂出来了，哪儿是商业区、开发区，村里的地价、房子的拆迁，会出现新农村建设与新的不稳定、不和谐同步发展，最怕的是新农村没有建设，村里的平静与稳定被打破了。所以旧村改造的规划只是不动产规划。不动产是指路、桥、水系、塔等，这些村干部知道就可以了，村民只要知道村庄要发生变化了，要发展了、要有希望了、要参与和有风险就可以了。乡村规划是以动态规划应对各种不确定因素，这样的规划才有可能落地。同时，乡村规划是村规民约建立的过程，是文化修复、道德回归的过程，家的建设是“民约”，村的建设是“村规”，民约是家、村规是国，这是对国家最有利的也是最重要的基因。同时，要尊重民俗，更重要的是还权于村支两委，谁的家谁做主，这是所有规划设计人员要了解的。

三、影响乡建的核心要素

新农村建设作为一项系统的、复杂的社会改造工程，受多方面因素的影响。经过十多年的乡村建设实践探索，“绿十字”提出人的思想观念、乡村的发展环境和乡村的精英人物等三个方面是影响新农村建设进程的核心因素。

（一）人的思想观念因素

思想观念是经济发展和社会改造的基础。有什么样的思想观念，就有什么样的发展模式，并由此决定发展的方向。因此，一个地方的农民和干部对新农村建设的思想观念，决定了这里新农村建设的有效性和未来发展方向，在新农村建设中是起决定性作用的因素。

1. 普通农民的思想观念对新农村建设的影响

农民作为乡村的主体，他们的思想观念直接影响到乡村的发展和未来的走向。中国的农民，由于受传统的小农经济生产方式的影响，在有些人中存在封闭、保守、缺乏进取心和创新意识的问题，在过去的数千年里影响着他们的生产环境、生活质量和价值观念，或许因现代文明的洗礼和文明程度的提升有了一定的改变，但仍未得到根除，所以给今天新农村建设的开展带来了诸多不确定性的因素。

2003 年，“绿十字”进入湖北省谷城县五山镇开展乡村建设实践时，从多个试点村中最终选定堰河村，其成为五山乃至“绿十字”乡村建设极为成功的村子之一。孙君在《剖析五山》一文中提到：“在五山明显觉得堰河村跟下七坪、黄垭、邓坪村不一样，堰河村人老实、好讲话、人心齐。一个村的人心不齐，人就很难讲话，就会常常发生争吵，从侧面反映出凝聚力不够，群众心中就没有依靠，村里缺少帮助他们主持公道的人，所以村民就需要自己去争取。堰河村就没有这样的问题，从 2003 年到现在，村里从来没有出现被盗和上访。”所以，在“绿十字”的乡村建设实践中提出了“选试点不如选人，人是决定因素”的观点。这里的“人”，就是指人的思想和人的观念。

堰河村小石拱桥

2. 乡村干部的观念对新农村建设的影响

乡村干部作为乡村里一个很有影响的群体，可以说有什么样的乡村干部思想观念，就有什么样的乡村发展模式，并由此决定了乡村发展的前途命运。之所以如此讲，原因在于，乡村干部大多数都受过中等教育，也是乡村中生产、管理和交际能力最强的群体——乡村知识和能力的代表，其观点和行为成为乡村“流行色”的引导。其次，乡村干部作为联系政府和农民的桥梁，一方面扮演农民利益的诉求者，更重要的是政府形象和政策的代言人，他们的言行和观点往往被解读为政府的政策和意愿。同时，由于农民的弱势地位和长期以来养成的对政府的依赖习惯，使得农民对乡村干部有一种强烈的信任感和天然的依赖心理，村干部的作用就是一个桥梁，上要理解中央精神，下要了解农民，村干部的作用最难也最有价值。

正因为乡村干部的这些特殊性，乡村干部的思想观念对乡村前途的影响非常大。因此，“绿十字”提出，“一个人的变化就是一个政府的变化，一个政府的变化就会影响一个地域社会的变化”，并在乡村建设实践中提出了农民、政府（主要指乡村干部）和非政府组织三方合作、共同参与的参与式合作的乡村建设实践路径。

（二）乡村的发展环境因素

这里所说的乡村发展环境主要包括四个方面：① 自然资源环境，如土地、水资源、森林、花果茶园及地下矿产资源等；② 农民的生活环境，如农业基础设施、劳动力、技术和资金等；③ 人文社会环境，如历史、文化、民俗等；④ 经济发展水平，如生产力水平、农民的富裕程度、发展生产能力和银行储蓄等。这四大环境因素是影响一个地方发展、影响人们思维方式和行为能力的重要因素。

“绿十字”当初之所以选择五山镇的堰河村，其中一个很重要的原因就是堰河村相对较好的乡村发展环境。孙君曾说过：“我们一直想在各村推动垃圾分类，推了一年多了，只推动了堰河村，21 个村中，20 个推动不了，非常难，这就不能不让我反思！”首先，在 20 世纪大集体时期，堰河村无论是农田基础设施还是生产力发展水平，在当地都处于领先水平，良好的基础设施和生产能力，加上大面积的集体茶园，为这里新农村建设奠定了一定的物质基础；其次，堰河村虽然地处欠发达地区，但相对周边村庄来讲，无论是集体经济还是农户个人收入在当地都处于中上等水平，这为新农村建设提供了资金保证；同

堰河村茶园

时，这里的人非常重视文化教育，是一个受传统的道德观念影响较深的村子，良好的人文社会环境也为这个村在新农村建设中接受新的知识与信息创造了良好的条件。“绿十字”在做项目时，最关心的是一个地方的人文环境、历史环境，而不是物质环境、经济环境。人文环境和历史环境是源头，不解决源头，环保和经济、自治与持续就不可能存在。

（三）乡村核心人物与精英人群的互补性

精英人物是指具有精神独立、创造力充沛、能与社会进行良好的沟通，而且有责任感和服务社会的热情的人。他们有能力捍卫自己的村庄，是引领社会发展的中坚分子。精英作为社会阶层中的一个不可或缺的重要组成部分，对社会的进步与发展具有重要的推动和引领作用。同样地，新农村建设也离不开乡村精英分子。

1. 乡村精英人物的特征

这里所说的乡村精英，是指乡村里对乡村的经济发展与社会改造有一定影响力的文化人、能人或核心人物。它一般包括三个层面的人：一是乡村的主要干部（人们通常说的“一把手”），他们是村民的主心骨，也称核心人物，干部不说，群众不动；二是乡村的能人（乡村从事过教师、医生等职业的农民）

和乡村先富者（从事农、工、商、服务业的个体业主），是一个村中有本事、能力强、有特长的人，有一定技能者，包括老师、农活和养殖高手、有手艺的人等；三是具有一定文化知识的青年农民工，他们见过世面，改变了观念，学到了知识，越来越发现本村没有变化、收入太低，他们回到村里，把好的想法、新的理念、城市的见闻和半知半解的文明传递给村里。他们作为生活在乡村里的优秀分子和有一定远见卓识的领导者，能力、责任、人文关怀是他们的典型特质。

一方面，能力与知识是构成一个人是否是社会精英的一个典型特征。“精英有一个共同的特点就是善言，或有一定的文化。”只有能力和知识超群的人，才能被认可、受人尊重，才能引领社会发展的方向。精英的权威，来自他在大众面前所表现出来的能力与知识。

另一方面，责任感和人文关怀形成的人格魅力是其不可或缺的重要品质。核心人物“具有责任心、威严、公正等特征”，“不一定有特殊的技能，也不一定要有文化（当然有文化与技能最好），关键是人品，如同汉字中老板的‘板’字，其繁体字为‘闆’，意思就是有品德与道德之人才能撑起一扇门。这个门就是一个村、一个团体；品是指一个人的日常行为，相比这个人的家庭历史背景更重要，这一点在乡村社会中影响极深”。这主要是因为乡村核心人物作为乡村行为能力和道德规范的引领者，体现出勇于负责、平民心怀的素养是极为重要的。只有这样，他们在新农村建设中才能做到行事有魄力，处事能公平。乡村工作中，以核心人物为中轴，作为能人、作为党员与老人来推动项目，这样的运作形式具有操作性。再有就是妇女，虽不是核心人物也不是能人，可是她得管钱管人又守望家中，如何发动妇女的力量，把弱势转化为优势，也是我们必须面对的。

2. 新农村建设需要精英的引导

在中国，精英分子之所以具有如此大的影响力，可能是由于中国自秦以来的两千余年的中央集权体制所形成的政府超强的管理功能，并由此形成的具有深厚根基的精英文化所致。所以，精英群体人数很少，但其能量巨大，特别是政治精英人物在社会中发挥的作用尤为巨大，甚至对一个时代的格局变化都会产生重大影响。

乡村精英虽然不具备政治精英那样超强的影响力，其作用也不可小觑。“绿十字”认为，“在乡村所谓民意，其实是村干部的意思，干部一定会考虑村民的意愿，干部考虑问题还是比农民全面得多，全听村民的那不可能，需要有人‘拍板’。只是村干部做事不会很自私，他们把面子和德行看得比生命还重要，在农村人们将钱和财物看得较轻”。在新农村建设中，乡村“一把手”的一言一行对乡村建设的有效开展具有重要的影响力，这是由中国乡村的现实决定的：“农民是一个群体，乡村是一个松散的组织，更是一个交错着亲戚和熟人的社会结构。”

正因为如此，“绿十字”非常重视发挥乡村“一把手”和核心人物的影响力，强调把乡村建设工作的发言权还给乡村的精英们。

3. 乡村精英对“绿十字”的乡村建设实践具有特殊的影响力

今天的新农村建设，农民对政府更多的还是希望和信任。所以，“绿十字”要想实现自己的乡村建设的理念，更需要拥有行政资源的乡村“一把手”和“核心人物”等乡村精英的支持。正如孙君所言，我们的工作目标是朝着乡村核心人物和精英方向发展，只是我们会把他们感性的思维引入理性，会与他们一起研究乡村的未来。乡村工作要依靠这两股力量，全力以赴地保持这两股力量的平衡，谁做好了这方面的工作谁就会赢得农民的认可。

“村民一般只信村干部，他们在做很多事时，都要村干部点头，就像在家里，事事要问父母。”所以，“不论是扶贫项目还是新农村建设，在选择项目时，人是第一因素，文化、政策是第二、三因素，钱是最后的因素”。

4. 中国乡村的发展需要培养自己的精英

社会精英作为一个特殊的社会群体也需要不断地更新和补充，即人们所说的精英循环，即是指精英群体的继承问题。意大利社会学家维弗雷多 · 帕累托（Vilfredo Pareto）认为，由于社会的变化或精英能力的丧失，精英能力与精英地位已不均衡，在这种情况下就要求精英循环，即非上流阶层的一些人转变为精英人物或替代老精英。同样地，新农村建设作为一项长期的社会改造工程，也需要培养更多服务于新农村建设的乡村精英。正如“三农问题”学者温铁军先生所言：“我们要培养出农民自己的精英，新农村建设必须由农民精英来带领和实施一系列举措。”“绿十字”同样觉察到新农村建设中培养有助于农村发展的精英人才的紧迫性，“通过余宝军、闵宏艳两位书记的现象说明什么？说明‘三农问题’缺的是人，是有事业心、有实干精神、有文化、有思想、有觉悟的人才！”“绿十字”认为，“如果村民的眼光看到100米远，那么村干部的眼光就应该看到1000米远，镇干部的眼光就应该看到2000米远”，并进而提出“新农村建设的顺序是新干部、新农民、新农村”的观点，以强化要求培养乡村精英人群必要性的概念。

四、“绿十字”乡建模式的要点

所谓模式即解决问题的方法论，是一种建立在实践基础上认识问题和解决问题的理论化的方法体系。“绿十字”最大特点是组织运作的灵活性、工作思维的创造性，以及通过对农村基层社会现状和农民意愿的了解而做出的与之适当的反应，因而其乡村建设的模式也具有独特性。

（一）目标定位的独特性

“绿十字”从关注乡村生态环境和乡村传统文化价值观入手，将新农村建设定位为“乡村生态文化”建设，并以此提出了“把农村建设得更像农村”。这一目标定位之所以具有独特性，主要表现在如下几方面。

1. 以独特的视角看到了目前农村的问题所在

纵观近年来的新农村建设，给人总的印象是不少地方或多或少都有一种城市建设的味道，把“新农村建设”变成了“城市建设”的翻版，使新农村建设脱离了农村的实际，脱离了农民现实的紧迫需要，成为“中看不中用”的花架子工程。这些问题的出现，除了受理论、体制、政策等多方面因素的影响外，更重要的一点是由于缺乏对农村的了解、缺乏对农民实际需求的认同。

应该说，当今农村的问题，不仅仅是经济发展滞后的问题，还有一个生态环境破坏的问题，而后者的严重性远甚于前者。因为生态环境是一个系统的问题，它牵涉人与自然、自然与社会以及自然内部各“肌体”之间诸多因素的相互作用，它的修复是一个长期艰难的过程，它的破坏是综合、全面和巨大的。同样地，当今的农民问题不仅是农民物质生活贫穷的问题，还有农民精神生活贫乏的问题，保守、自卑和缺少文化依然是束缚农民改善生存状态的最大的阻力。因此，作为解决当今“三农问题”重要举措的新农村建设，也不仅仅是物质状态的改变过程，更是乡村自然环境的修复，以及农民的观念、文化、信仰等精神层面的改变过程。

农村问题用城市方法去解决，肯定不行；自然生态用园林方法去管理，更不行；女人问题用男人思维去解决，那叫添乱；科学问题用抓阄解决，是胡闹。“绿十字”认为在三农问题上就是用希望去剖解，乡村问题找村主任去化解，生态矛盾用生活与生产方式去破题，稳定问题与信仰以民约来对待，这才是解决问题的有效方法。

2. 以独特的视角突出了乡村的多样性和传统文化价值观的重要性

基于农村、农民问题的新特点变化，“绿十字”了解了真实的农村现状和农民的真实需求，改变了如今一些地方常用的城市建设式的乡村建设思维方式，将“绿十字”的新农村建设目标定位为“乡村生态文化”建设。

所谓生态文化，是指建立在生态学基本观点的基础上，运用科学的态度去观察现实事物、解释现实社会、遵守事物客观规律的一种文化形态。

生态文化体现的是不同民族在特殊的生态环境中多样化的生存方式，它更强调由具体生态环境形成的民族文化的个性特征。事实证明，在人类今后的社会改造活动中，如果不彻底改变征服自然的态度，不改变以牺牲生态环境来开发自然的生产方式，不改变奢侈浪费的生活方式，不改变损害生态环境的社会制度，则不可能长期有效地阻止自然生态环境的加速退化，最终可能导致人类由于不适应生态环境而从地球上消失。

新农村建设也是这样。改变农村生产条件、发展农村经济、让农民获得更大程度上的物质需求的满足固然十分重要，但这种乡村经济的发展，这种基于生产条件改善的农村基础设施建设不能再走城市发展的道路，不能再以牺牲乡村生态环境、传统文化价值为代价，而是要从生态学的观念，把维系乡村生态的多样性和保留乡村传统文化价值的特殊性作为不可或缺的重要因素，纳入新农村建设的目标中去。这是“绿十字”具有独特性和前瞻性之处。

3. 以独特的视角赋予新农村建设全新的目标内涵

“绿十字”提出的“把农村建设得更像农村”，是一个非常具有哲理性的学术观念和实践方法，是“一个很适合中国农村发展的理念”，重点强调了农村形态的连续性和乡村文化价值观念的认同感。农村的改造与建设，不是对农村固有属性和原有形态的全盘否定，也不是对乡村传统的文化价值观念的剥离与消弭，而是一种选择上的继承与更新，是在保留农村固有属性和基本形态的基础上，用现代化的发展理念和城市化的生活元素去改变乡村中原有的、落后的生产方式和生活环境。按孙君的话，就是在强调现代化的发展理念和城市化的生活元素的同时，“保护旧村，保护历史，保住民间文化，保住农民的朴实无华和真诚勤劳，就是未来新农村的最大希望”。

新农村建设的提法只是一种时代的流行语，严格地说不太科学，今天是新农村，那过30年后又变成了旧农村，无论新农村还是旧农村，其目标都是让乡村文化与民风更加淳朴，道德与孝道能够延续。尤其是随着城市文明的加速，乡村文化、田园风光渐渐变成了城市人的梦想，这种梦想也渐渐地脱离城市、抛弃城市。是什么力量让城市人逆反入乡呢？是文化、是土壤，更是具有血浓于水的乡村社会。一方水土养育一方人，正是因为如此，把农村建设得更像农村，就成了未来中国农村文化复兴的标杆。

（二）乡村建设实践的切入点

为了实现“把农村建设得更像农村”的目标，“绿十字”提出了“先生活后生产”的理念作为其乡村建设实践的切入点和基本路径。

1.“先生活后生产”理念的提出

客观地讲，最早提出“先生活后生产”这一理念的是中国社科院数量经济与技术经济研究所的龚益教授。从2003年开始，“绿十字”来到湖北省谷城县的五山镇，开始“绿十字”真正意义上的乡村建设实践活动。当时的五山镇作为一个欠发达地区的山区乡镇也和其他类似的乡镇一样，在经济发展优先的大潮中，原有的生态环境遭到巨大破坏，影响到人们的生活状态、身心健康，降低了农产品的品质与价值，影响了当地乡村两级组织招商引资的环境，制约了经济的发展。所以，尽快改变人居生活环境、恢复原有生态植被，应该是乡村建设实践中应优先考虑的问题。

龚益教授作为“绿十字”的“五山模式”的倡导者之一，在参与对“绿十字”五山镇的堰河和田河等村的考察时，针对当时农民的实际生活状态，结合新农村建设的有利时机，为“绿十字”有效开展乡村建设实践提出了“先生活后生产”的建议。对此，孙君在《农道》一书中记述：“‘先生活后生产’并不是什么新概念，而是人类在自然界长期生存中总结出来的一种最简单的规律。”关注生态环境是“绿十字”重要的核心理念之一，也有开展环境保护方面的知识和经验。所以，龚益教授的想法一经提出立刻得到了“绿十字”的认同和响应，最终成为“五山模式”的核心理念。就此，孙君这样叙述：“五山项目的第一阶段（2003年至2006年）是做生态环境整治，先生活后生产；第二阶段（2006年至2009年）是把茶叶做出品牌，边生活边生产；第三阶段（2009年之后）做旅游，先生产后生活。可以说，这是把常态的发展模式颠倒过来了。当我们把生态做好之后再回过头来做工业，这时候的工业是现代化、高科技的，少了很多污染。”这一理念在随后的乡村建设实践中被不断检验，成了“绿十字”乡村建设实践思想体系中的重要内容和实践方法。

2.“先生活后生产”的内涵

“先生活后生产”的内涵主要体现在三个方面：

第一，它是一种乡村建设实践方式的逆向思维。通常的观念认为乡村建设应该从解决生产方面的问题入手，如生产基础设施、生产装备（技术、工具）以及市场体系等，再解决生活方面的问题。但在“绿十字”看来，随着全球经济发展引发的环境的问题，使得人们的生产和生活方式也发生了改变。只有先有了良好生态的生存环境，才能为人们提供一个更加宽松的可持续的经济发展环境。正如孙君所言，倡导“先生活后生产”的理念，整个实践都是围绕着农民的生活进行的。通过生活与生产方式的转变，把环保潜移默化到生产经营和生活习惯之中，与东方安居乐业的理念相对应。使垃圾和粪便彻底资源化，做到垃圾不出村、污水不入河。让农民养成勤剪指甲、洗脚、晒鞋垫、晒被子、喝豆浆、保持卫生间和厨房卫生、正确使用抹布、将垃圾分类等良好习惯。点点滴滴地逐步积累，把保护农村的土壤生机和水源清洁变成了他们的生活方式。所以，“绿十字”提出从关乎生活环境垃圾分类入手，来改变人们的生产生活方式。

第二，它是一种经济的、便利的、快速的发展模式。在新农村建设中，地方政府起主导和组织作用，通常情况下，项目的选定、实施的运作、项目建设过程管理都是来自于地方政府。“绿十字”在新农村建设中极力去推动地方政府（主要是乡村两级组织）在项目的选定上从农民生活入手，选择花钱不多、见效又快的建设项目，如垃圾分类。这样，一方面农民易于接受，另一方面又能让农民很快感受到建设带来的好处，从而让农民重新建立起对政府的信心。这种经济的、便利的、快速的发展模式，是解决当前乡村干群不协调关系的绝佳选择。

第三，它是确保生产可持续发展的有效路径。因为现在的乡村生产活动不再是一种简单的农业劳动，它是工、农、商、服务一体的综合性生产活动，不仅需要劳动者强健的体力，还需要有良好文化素养与判断能力等精神层面的东西，也就是说要有一个良好的物质与精神环境，尤其是良好的精神状态。“先生活”是为了更好地生产。通过“先生活”的理念，来改变人们传统的生产生活思维模式，从改造农民身边的生活环境、农民的精神面貌入手，促进农民生活质量的提高，促进乡村生产力的发展，进而促进人与自然、人与社会、生活与生产的和谐统一，即“在安居乐业的顺序下愉快地生活、愉快地生产，在生活、生产的过程中时刻关怀生态”，最终实现乡村社会经济的快速、可持续的发展。

3.“先生活后生产”的实践路径

那么，在新农村建设中“先生活后生产”的实践路径是什么呢?

一方面，要立足农村实际，从农民迫切需求的地方入手。在“绿十字”看来，虽然目前大多数乡村的农民温饱问题已得到解决，但资金不足依然是困扰农村发展的最大瓶颈。所以，新农村建设应结合农村的实际，按照农民的可承受能力，解决农民眼前的迫切需要。于是，提出了“从垃圾分类入手，从小事做起，从身边做起，通过转变观念、修复环境，建立一种以自然为中心的生物圈，来谋求人与自然的和谐”的乡村建设理念，来实现“先生活后生产”的目标。

高椅村资源分类中心

另一方面，要克服城市发展中急功近利、急躁冒进的情绪。在“绿十字”看来，新农村建设是一个漫长的过程，在这个过程中，“人们要记住城市发展的教训，再也不能以破坏环境为代价”，要改变传统的从生产入手、从经济发展入手的乡村建设观念，而是从“垃圾分类”入手，从解决乡村生态、环保、可持续发展等问题入手。只有农民生活得到了改善，农民的精神面貌才能得到改变，才能重塑农民的信仰，培养农民的自信力和自主力，也才能激活农民生产的创造力和积极性，从而为农村社会经济文化的可持续发展提供良好的生产环境，以此促进农村生产的发展。而农村生产发展，又能促进农民生活的进一步的改善。如此往复，形成一个生活—生产—再生活—再生产的良性循环发展轨道。

（三）乡建实践方式的独特性

“绿十字”的乡村建设实践之所以在一定范围内产生很大的影响力，很大程度上与其特有的参与方式有关。

1.“绿十字”身份的特殊性

“绿十字”作为非政府组织形式的乡村建设实践团队，其参与本身就是一个特色，无论是政府还是社会对非政府组织都还需要一个认识、认可的过程，尤其是像新农村建设这种牵涉到乡村社会、政治、经济、文化等诸多方面的改造活动，对非政府组织的参与，政府更是十分谨慎，使非政府组织的每个行动都显得十分艰难而缓慢。但非政府组织的公益性、民间性、志愿性和非营利性的特点以及思想、理念的不断创新，既满足了改革开放后农民对新事物、新思想和新观念的渴望与好奇，也弥补了政府在新农村建设中的不足和弱势。因此，政府和社会对非政府组织的参与又有某种审慎的期待。

正是看清了政府和社会在非政府组织参与新农村建设上的矛盾心理，“绿十字”以独特的方式和身份加入了新农村建设的大潮中，并逐渐得到了参与地区的政府和乡村社会的普遍认同和一致认可。

2. 合作方式的独特性

作为非政府组织，由于它所受到的社会挑战和持续性的社会质疑，以及社会资源相对于政府的明显不足等多方面的缺陷，使得“绿十字”在参与乡村建设的过程中，以发挥非政府组织的优势、克服非政府组织的不足为出发基点，提出了具有“绿十字”特点的新农村建设参与方式，即“农民参与，三方合作（亦称‘农民参与，合作共赢’）”的参与式合作的乡村建设理念，以最大限度地发挥新农村建设三个主要方面——农民（包括农村精英）、地方政府和非政府组织以及企业、专家、学者和志愿者的能力。

正如孙君所言，“新农村建设是一个全社会支持与参与的项目，企业融资、农民出工、专家支持、政府服务和非政府组织参与，以合作和多赢的方式建立新的城乡市场关系。”与此相比，当今很多地方的乡村建设实践是由政府主导、农民参与的乡村建设模式，其弊端在于政府因受其常规观念和行为方式以及社会资源有限的制约，很多新农村建设项目基于宏观层面，而乡村弱势者的诉求一般难以考虑到，这也使得农民因对当地政府的不信任，导致错失了很多乡村建设发展的时机。而“绿十字”的人文关怀理念和公益性特征，相对政府更容易获得村民的好感和信任，这也正好弥补了政府的不足，使“绿十字”这样的非政府组织成为政府和农民之间联系的桥梁，也有更多的机会集合政府、农民及其他社会力量参与到今天的新农村建设中，从而使“绿十字”的参与式合作的理念成为现实。

3. 参与式合作方式得到了社会的认可

“绿十字”参与式合作的乡村建设理念，既符合农民的想法，也满足了地方政府的需求，在其参与乡村建设的大部分地方很快得到人们的关注和推崇。正如原五山镇镇委书记、现襄阳市鱼梁洲经济开发区管委会副主任所言：“北京‘绿十字’是一个以实践为主体的非政府组织。从 2003 年底与‘绿十字’合作之后，我们在观念和工作上有一种全新的感觉。比如垃圾分类这项工作，原先政府也做了，文明办、宣传部等做了很多年，就是推不动，当然城市也是如此。可是‘绿十字’来了，在不到半年的时间里就推动了这项工作，垃圾分类变成了农民自己积极参与的工作。我们看到今天的农民，已把这项如此艰难的工作变成了生活习惯！这种农民观念的变化深深地引起我的反思，这种反省在工作上、生活方式上和社会责任感上，给我们基层党组织带来了一阵春风。面对这样的一个组织，不仅是我们镇政府、市委、县委给予了高度的评价，孙君先生还被谷城县政府特邀为顾问。”作为“五山模式”的政府层面的核心推动者之一，余宝军的评价可谓是对“绿十字”参与式合作的乡村建设理念的最好注解。

（四）乡村建设模式的价值

“绿十字”的乡村建设实践，无论其规模大小和影响深远与否，对于今天乃至今后的中国乡村建设实践都有一定的理论和实践的借鉴与应用价值，主要表现为以下方面。

1. 促进了乡村居民生产生活方式的改变，改善了乡村生态环境

作为工业化、城市化发展链上的一部分，乡村所承受的环境破坏的影响力更大。由于中国的经济发展模式尤其是乡村经济发展方式未能很好地尊重人类社会发展的自然规律，导致农村耕地面积逐年减少、水资源短缺和环境严重污染，进而导致农业效率的降低、农民生活质量的恶劣、农村社会经济发展的滞后。

正是看到了环境问题对农村社会经济发展带来的影响，“绿十字”在乡村建设实践中提出倡导环保、重建生态的乡村建设口号，提出“求真务实、勇于践行”的要求。经过与乡村建设实践区域所在的农民、地方政府及其他相关部门的协调努力，使当地的生态环境得到了很大的改善，环境效益日益明显，郁郁葱葱的“新环境”展现在人们的面前。如提倡垃圾分类大大地减少了生产垃圾和生活垃圾带来的污染，有机肥的推广使用减少了工业化学肥料带来的土壤地力的破坏，而大范围的农户沼气的使用极大地降低了木柴的使用率，从而减少了树木砍伐，提高了森林的覆盖率，一个“长期的环境效益正逐渐呈现”。亦如孙君在随笔中多次描述的，所有进入堰河村的人都像进入了一个鸟语花香的世界，堰河村的未来更是一个垃圾不出村、污水不入河，生态环保、文明有序的新农村。

2. 促进了人们生产生活方式的转变，创造了新的收入机会

以优先生产发展为突破口的乡村建设，虽然在一定程度上能够有效地改善农民物质生活匮乏的问题，但由此带来的对农村环境的破坏也不可小觑。“绿十字”乡村建设实践的最大特点之一，是在生产生活方式上的创新求变，“摒弃损人不利己的经济模式”，即从改善农民的生活环境入手，改变农民的生产生活方式，由过去单纯地追求经济增长和物质生活的满足而忽视农民生活环境的生产生活方式，改为追求经济增长与改善农民生活环境同步进行。在改善生活环境的过程中，提升农产品的附加值，改善经济发展的融资环境，从而带动农村绿色环保产业和乡村旅游经济的成长，促进经济的发展，为农民增收创造更多的机会。正如孙君所言，生态文化建设减少了农户的经济支出，带来了新的收入机会，沼气池及“一建四改”让农户的生活成本大大降低，同时稳定了生猪的饲养条件；垃圾分类形成的良好卫生环境，带来了农户开辟新收入来源的机会。同时，通过农民的生产生活方式的改变，使乡村社会的经济活力得到了进一步的提高，一个以绿色环保产业为中心的乡村经济链，即“生态环境的

堰河村民居

优化—绿色农产品种、养殖—农家乐—旅馆—休闲娱乐设施—旅游业的兴起—形成致富经济链”，在“绿十字”开展乡村建设的地方逐步形成。

3. 促进了乡村历史文化价值观的保护与传承，增强了农民的自尊感

在中国，每一个乡村都有其独有的历史文化和社会价值观。正如孙君所言，庙宇、农田、村庄、农民、树木、牲口、赶集等这些人与物的交替，以及空间与四季的变化，在特定的时间和地域形成并演变成他们自己熟悉的习俗，这种习俗我们称之为文化，影响着他们过的日子。正是这种厚重的历史文化感和社会价值观，造就了中国乡村社会的多样性和民族繁衍的生命力。因此，“绿十字”乡村建设实践的另一个显著的特点是重视乡村历史文化和民俗、信仰等社会价值观念在乡村建设中的影响和作用，把保护和传承中国乡村传统的历史文化和社会价值观念作为一个重要内容，纳入乡村建设实践的过程中。

同时，一个乡村社会经济的发展和农民生活质量的改善，依靠的不仅仅是农村生产条件的改进和农民生产技能的提高，农民的社会价值观如民风民俗、文化信仰、道德规范以及农民的自信心、自尊感和主动性、创造性都对乡村的社会经济的发展和农民生活质量的改善具有不可估量的影响和作用。

“绿十字”这种把生态建设—人和自然的和谐关系建设与文化建设—人与人的和谐关系建设综合起来的乡村建设模式，为乡村社会带来了极大改变。一方面，促进了乡村社会关系的改善，包括家庭内部关系的和谐和邻里关系的和睦，改善农民与乡村干部之间的紧张关系等。另一方面，增强农民的自信心和自尊感，在物质生活不断丰富的同时伴随着乡村的传统文化和社会价值观的回归，使农民找回了自信心、增强了自尊感。在“绿十字”看来，年轻人出门打工是正确的，也是客观的选择，留在家的人负责耕种、建设和维护，等若干年这些年轻人有了技能、了解了现代文明与教育之后，再回来村里，就会形成最有效的行动，这种行动是新文化与旧文化的融合，他们在把握着自己，又形成现今的民俗文化。这种发展的方式是需要付出和时间的，只有这样，自尊才会离农民越来越近。

五、乡建的困境和存在的问题

如其他的乡村建设实践的参与者一样，因中国特色的新农村建设没有先例可学，很多的实践、观点和方法都是在不断地摸索中形成的。所以，“绿十字”也难免存在不少的制约因素和发展中的问题。

（一）制约“绿十字”乡村建设模式的瓶颈

“绿十字”参与到新农村建设中，因法制环境、金融资本和人力资本、环境以及理论化的方法和危机处理能力等主、客观因素的影响，其乡村建设模式遭遇到诸多的社会挑战和制约。

1. 法制环境的缺失，使“绿十字”乡村建设的合法性受到社会挑战

虽然“绿十字”参与乡村建设运动的理念和实效性越来越被人们认可和接纳，但由于中国特殊国情而引发的与之相关的法制环境的缺失，与政府组织以及政府所属的相关部门相比，其合法性的地位仍十分模糊或受到质疑，在一些所谓“正统”组织或人们的眼中，“绿十字”这样的非政府组织仍然难以被真正地接纳，甚至对其能力也是不屑一顾，更不用说得到社会的普遍认可，以及在社会活动中占有与“绿十字”能力相匹配的社会空间和发展规模。也正因为遭遇人们潜意识的隔离，导致了社会对“绿十字”参与新农村建设的疑虑和认知落差，使其影响和作用受到人为的限制而难以得到充分的发挥。

2. 理论化的实践方法和规范化的管控能力的缺失，使“绿十字”乡村建设实践的有效性受到社会质疑

“绿十字”的最大特点是其组织的灵活性、创造性和对社会现状与需求的迅速反应，从而彰显出他们与其他部门相比在参与社会改造活动中所表现出来的良好的能力和有效率的作为。“绿十字”成立时间不长、规模较小，且组织机构和人员配置尚不健全，虽然摸索出了一些实践的经验和方法，但多是零碎的、杂散的，缺乏系统化、理论化的总结。孙君对此的认识是：这种系统性的总结相当重要，从中能清醒认识并找到一种规律性，这种规律中有预示、有告诫，还有沿着正确途径能取得的收获。另一方面，虽然他们在以独立的村庄为实践单位的乡村社会关系的处理上有一定经验和能力，但在更大范围的如以乡镇为实践单位的乡村建设实践中，面对复杂的乡村社会关系和人际关系，缺乏危机处理能力和规范化的组织管控能力。对这一点孙君也深有感触，“以前‘绿十字’做村庄试点时只需要几个人，这回做镇的试点工作，难度、强度大多了”。所以，随着实践范围的不断深入、实践规模的不断扩大，理论化的实践方法的缺失和规范化的危机管控能力不足的缺陷越来越明显，致使“绿十字”在参与乡村建设实践的过程中运作的有效性和行动的效率受到社会的质疑，其组织管理和控制能力受到挑战。同时，系统化的理论缺失，也是其乡村建设模式在复制与推广过程中运行艰难的原因所在。“我们在做项目时，还没有形成一套完整的工作流程，需要在选项、调研、统计、规划、评估、总结等方面进一步做好安排和合作。”

3. 资金和人才的不足，使乡村建设模式的可持续性受到社会的挑战

一个成功的乡村建设模式，一定是有生命力的、可持续的。其可持续性除了有理论化的实践方法和规范化的组织管理能力做支撑外，还需要稳定的资金来源和专业化的人才队伍（亦称人力资本）。

首先，稳定、充足的社会资金赞（捐）助，是确保“绿十字”乡村建设模式可持续的一个很重要的因素，也是持续、有效率运作的基础，正如帕内特·拜伦所言：“资本的积累是慈善工作的最基本条件。”“绿十字”最初只是作为一种纯粹的自愿性质或者依靠一些基金会的赞助参与到新农村建设的一些单一的项目中。但是，随着乡村建设实践涉及的项目领域、地域范围和团队规模的不断扩大，初创时的资金基础难以支撑其需要，致使“绿十字”必须直面因资金的来源或资金可持续性的不确定性所带来的严峻的生存问题。

其次，人力资本的可持续性，或称人才的不足和流失，也是影响其乡村建设模式的可持续性的一个重要原因。除了资金以外，拥有一个既有工作能力与热情，又有远大理想与抱负的团队，人才的延揽与储备以及专业知识与技能的培训显得十分重要，也是组织的可持续发展必需的保障。在“绿十字”的乡村建设实践中，专业人才不足和既有人才流失是让孙君最为头疼的问题。资金和人才的可持续性的不确定性，直接导致了乡村建设模式可持续性的不确定性，从而使其可持续性受到社会的质疑。

4. 一些非政府组织的不良行为，引发社会对整个非政府组织诚信度的质疑

非政府组织重新活跃在中国人的视野里是在 20 世纪 90 年代，因迅速崛起使得中国的非政府组织类型繁杂、良莠不齐，一些组织个人打着非政府组织的旗号，做出与非政府组织理念不符、行骗社会的不良行为，甚至是与中国法律法规相违背的犯罪行为等，这使本来社会合法性根基就脆弱的非政府组织形象受到诋毁，诚信度也受到质疑。

在参与乡村建设的实践过程中，“绿十字”也面临因这种不良行为所带来的非政府组织声誉的损害，难逃其诚信度遭到合作方（地方政府、农民、志愿者）某种质疑的影响和阴霾，使其合作规模、影响力和作用受到一定的限制。

（二）“绿十字”乡村建设模式的内生性缺陷问题

虽然具有灵活性、创造性和公益性等特点，但“绿十字”作为处于初级组织形态依然存在不少问题，尤其是当它更多地、广泛地参与到农村社会问题的认识和解决的时候，内生性缺陷问题也随之暴露出来。

1. 实践理念和方法的零散性与非理论化

纵观“绿十字”多年的乡村建设实践，先后提出了“走进乡村、融入生活、三方合作、开启民智、重建生态”“把农村建设得更像农村”“先生活后生产”“参与、规划、合作、得利”“农民参与、合作共赢”等乡村建设的观点和方法，对“绿十字”乡村建设的实践活动确实起到了重要的指导作用，并为实践地区的许多地方政府官员和农民所认同。这说明“绿十字”的乡村建设模式具有一定的实践价值。但是“绿十字”面临最大的问题是这些观点和方法缺乏系统化的归纳和总结，没有形成一个上升到一定理论水准的思想，即所谓的实践理念和方法的零散性与非理论化，这一方面表现在乡村建设的实践的观点（理念）逻辑性

较为零乱，相互间缺乏应有的内在联系，从而容易引起人们在实践过程中思想上的混乱；另一方面，实践缺乏科学的、规范性的描述，从而增加了这些方法推广和复制上的难度，导致乡村建设模式在复制和推广过程中遭遇理念和方法的实践瓶颈。

2. 实践模式上的普适性和共生性的欠缺

所谓普适性，是指乡村建设模式的推广和复制没有特定的条件，适应性很强；所谓共生性，是指在众多的乡村建设模式中，既有自己的特色，又能包容别的乡村建设模式中的先进理念和方法，与之共生共融。“绿十字”在新农村建设中的特色是显见的，在大多数地区都取得了一定的成功，但也有不成功的地方。

究其原因，主要是这种模式普适性和共生性的欠缺，一方面表现在合作上过分依靠乡村精英的人格魅力和地方政府的支撑作用，除了“绿十字”对合作伙伴——乡村精英的依靠，“绿十字”团队自身也在一定程度上依靠孙君个人的影响。另一方面，还表现为建设内容的单一性。“绿十字”在乡村建设中过分地强调生态环境、文化环境对农村社会发展的影响，侧重于生态环境的修复、农民居屋的改造和传统价值观的重建，对经济的发展、产业的重组和农村生产机制的建设相对薄弱。完善的乡村建设模式，应该是一个满足人们的物质需求与精神享受共同发展的模式，“短腿性”的乡村建设模式再完美也会给人不健全的观感，而且没有人愿意饿着肚子去追求单一的精神世界。

所以，正是这种特定条件，使得“绿十字”的乡村建设模式在推广过程中还是遇到了较大的难题。试想，一个偏离经济发展主目标而过度追求生态与文化价值的乡村建设模式，其社会认可度低是可想而知的，这也就决定了“绿十字”乡村建设模式推广与复制的难度。

3. 实践理念与方法的泛理想化

一个乡村建设模式的价值体现在它的社会影响力，也就是这个模式推广和复制的深度和广度，其形成源自于实践理念与方法的现实性和可操作性。一个过于理想化的乡村建设理念，虽然从形式上看让人感觉到新颖、华美，但它无法让人使其从图纸上变成生活中的现实，也就不会具有生命的活力，无论是农民还是地方政府，追求的都不只是美好的未来憧憬，而是实实在在的生活品质的提升，需要立竿见影的效果。“绿十字”的一些乡村建设的理念和方法之所以遭受挫折，很大程度上是因为它们过于理想化、缺乏现实性，而且内容庞杂、缺乏规范性。如“绿十字”在襄阳市襄城区尹集镇开展的“田园城市”的规划是相当完美的，每个看到这个规划的人都很感兴趣，却与当地政府的要求不符，与当地那个时候的经济实力和人的观念也存在差异，实施时遇到了困难，只得夭折在美好的图纸上。

（三）瓶颈与问题的解决路径

上述问题的出现，既有外在因素的影响，也有“绿十字”自身的内在原因的影响。因此，必须从内外两个方面来寻求破解的路径。

1. 从政策和体制层面上寻求解决之道

首先，是要建立一个有利于“绿十字”这样的非政府组织参与新农村建设的法制环境，厘清非政府组织权利的法律基础，使非政府组织参与新农村建设的合法性得到社会的承认。其次，是要建立一个有利于非政府组织参与新农村建设的公平竞争的环境，保障非政府组织及其资助人的优惠税收待遇，增强开展活动过程中倡议与呼吁的能力，提供亟须的服务援助，如财会援助、培训和集团采购等。这样，既有利于其在新农村建设中获得更多的社会资源和金融、人力资本，以确立组织的诚实声誉、运作的透明有效和资金的可持续性，同时又能确保其在参与新农村建设中的独立性，以及与地方政府或其他组织合作中的平等性。

2. 从“绿十字”自身的层面寻求改进之策

这些策略主要包括三个方面的内容：①强化“绿十字”组织管理方式的改进和执行能力的提升，强化团队综合能力的培养和专业人才的引进，促进乡村建设模式的可持续性；②建立既有“绿十字”特色——环保理念、人文情怀，又具有普适性和共生性——经济和精神和谐共同发展的乡村建设理念，以此扩大其乡村建设模式的影响力；③要强化乡村建设方法的系统化和理论化水平，以便于模式的推广和复制，以此来提升其乡村建设模式的价值。

第二章 把农村建设得更像农村

一、中国传统农村的社会特质

作为人类社会发展的根本，传统的乡村社会文明繁衍和培育了现代文明，是现代文明的源头和基石。中国曾是一个传统的农业国家，乡村是中国社会的根基和华夏文明的源头，要研究新时期的乡村建设，就要从对传统中国乡村社会的认识说起。

（一）农本主义——传统乡村社会的经济特征

中国是一个是具有悠久农耕文明的国家。早在距今几千年以前，中国的黄河、长江中下游流域就有相当发达的原始农业。崇尚农业或农本主义思想一直是中国传统经济的思想流。农业立国、重农主义是传统中国社会的一大特质。

传统的中国社会是一个以农业为主体的农耕社会。中国的古代经济史，从某种意义上讲是一部以农为本的经济发展史。传统的农本主义思想流不仅催生了中国高度发达的传统农业文明，而且也形成了中国独有的儒家文化。儒家以农为本、重农抑商的重农主义思想又孕育了中国独有的农耕文化，加深了重农情结。由此，中国历代有作为的统治者都非常重视农业，把发展农业放在国家发展的首位，更使农业成了传统中国社会的经济基石。

同时，农本主义思想也激发了人们对土地的崇拜。在先民的眼中，土地的力量是无穷的，它不仅承载万物，而且被人们视为衣食之根本、再生之本源。正是这种对土地的崇拜，造就了“土地神”这个神秘、受人敬畏且不可冒犯的崇拜符号。在人们的眼中，“土地神”既可以赐予人们幸福，让生活风调雨顺，五谷丰登，也能降灾尘世，让人们感受到冒犯它时受到惩罚。这种对土地神的崇拜与中国的“礼”中所崇尚的“尊天亲地”的思想是一致的。“地载万物，天垂象，取材于地，取法于天，是以尊天而亲地也”等，这一切都从侧面反映出中国农耕思想的悠久与深厚。

在传统的中国社会，农业之所以受到高度重视，既与中国自身的自然禀赋相关联，也与中国传统的文化价值观念和哲学思想相联系。

首先，农业生产环节大都直接寓于自然环境之中，土壤、气候、水资源等自然禀赋是农业生产的基础性条件，中国得天独厚的自然环境，造就了中国传统社会高度发达的农业。

其次，中国不断增长的人口需求，决定了统治阶层对农业的重视，这也是重农主义思想客观存在的根源。历代统治者不断地开疆拓土，使得统治区域扩大，带来了人口的激增，也促进了农业生产的进步和农业文明的繁荣，从而为国家提供源源不断的财力储备，最终实现维持统治稳定与国强民富的目的。

最后，中国独有的文化价值观念和思想流，促进了中国传统农业的兴旺发达。儒家主张的重视农业、以农为本、限制工商业的思想，不仅符合中国当时的生产力发展状态，而且满足统治者维护自身统治的需求，成为传统中国社会农业经久不衰的根源。

因此，农本主义不仅造就了中国高度发达的传统农业文明，也造就了中国特有的传统农耕文化。正如金耀基在他的《从传统到现代》一书中所言，“赖德费尔特认为，古典中国是一‘复合的农村社会’（Compound peasant society），系由士人和农人组成，是大传统（指‘深思的少数人’）与小传统（指‘不深思的多数人’）彼此沟通而形成的文化的社会结构。的确，‘士人和农人是构成中国社会之最重要成分’，士人的工作是非经济性的，他们担负起建造文化的责任，而农人的工作则是经济性的，他们成为中国经济结构的基石……‘耕读传家’‘半耕半读’‘朝为田舍郎，暮登天子堂’是文人的自谓，亦是社会的现象。所以，梁漱溟先生说：‘最平允的一句话！在中国耕与读之两事，士与农之二种人，其间气脉浑然，相通而不隔。’是以，钱宾四先生所谓‘中国文化始终在自由农村的园地上滋长’。”这一切都是通过乡村——中国传统社会的根基来体现的，也成为中国传统乡村社会的经济基础。这一经济基础的特质表现为一种自然的、自给自足的小农经济形态。

（二）天人合一——传统乡村社会的生活价值观

崇尚自然、追求人与自然的和谐共生，不仅是中国人追求的远大目标，也是中国传统乡村社会的一种“直觉思维”的生活价值观，即人们常说的“天人合一”，含有人与自然相统一的意思，其蕴含的古典生态智慧具有极为重要的生态价值。

“天人合一”的思想最早是由中国古代著名的哲学家庄子所提出的，而《易经》更是将天、地、人并立起来，并把人放在中心地位。这些观点被汉代著名大儒董仲舒发展成“天人合一”的哲学思想体系，后又得到宋明理学的进一步发展，并由此构建了中华传统文化的主体，成为“中华民族五千年来的思想核心与精神实质”，成为影响传统中国社会人们思维方式和行为指向的重要思想。

在中国的哲学思想中，“天人合一”强调的是内与外、大与小、静与动、进与退、动力与阻力、被动与主动、思想与物质等对立要素的统一。其中“天”和“人”的关系，一方面，体现的是人和自然的辩证统一关系；另一方面，则体现的是中国人生生不息、则天、希天、求天、同天的完美主义和进取精神。如庄子所说：“尽其心者，知其性也；知其性，则知天矣。”同时，也体现了中华民族世界观、价值观的思维模式的全面性和自新性。如孔子所言：“智者乐水，仁者乐山。”中国人这种“天人合一”的哲学思想，与西方人那种总是试图以高度发展的科学技术征服、战胜自然的态度截然相反，“天人合一”强调了人类只是天地万物中的一部分，人与自然是息息相通的，“天人合一”的思想所追求的终极目标是实现人与自然的和谐交融，自觉与天地参赞化育、和谐共生。

“天人合一”作为一种“直觉思维”的生活价值观，在传统的乡村社会中表现得十分突出。在乡村人看来，天即天神、老天或上天，是控制人世间一切生灵（事物）的主宰力量，上天给人与万物以生命，滋育大地，天是创造生命的源泉。人的祸福、自然的收成等都离不开这种神秘力量的控制。同时乡村人又认为，老天讲求善行，一旦人世间出现了自然灾害，往往被看成上天对人世的一种警示、对罪过的一种惩罚，而老天也表现出对世人的宽容和怜爱，让世人在它的庇护下安然地生存。所以，人们对“天”又存有一种感恩的心态。因此，有祭天、祭神、拜天的传统习俗。同时，在传统的乡村社会，人们对地（土地）无限地感恩。地承载万物，孕育生命，给人衣食之根本、再生之本源，人们一向视土地为生命。所以，在传统的乡村社会，又有祭祀土地神的习俗，以示对地的崇敬。在传统的乡村社会里，人们意念中的天、地（亦即大自然）与人是互为一体、相互依存的关系，彼此同戚共生、和谐相处，“从不想征服自然而只想与自然融合为一”。

不仅如此，“天人合一”的思想在传统的中国社会里也是无处不在的。譬如在中国的茶文化中，盖、碗、托所表现出来的，就是天、人、地和谐统一的理念。又比如，中国人重团圆、以享受天伦之乐为人生之大喜。同时，“天人合一”的思想也融入了中国的绘画与建筑艺术中。

在社会迈向现代化的今天，人类在享受现代化工业革命带来的文明发展的同时，也感受到其带来的负面影响，特别是生态的急剧恶化和对环境的严重破坏。因此，重拾“天人合一”的思想，才能让世人感觉到：人是自然的一分子，人与自然是相互依存的，没有人与自然的和谐就没有未来。

（三）伦理本位——传统乡村社会的秩序根本

在传统的中国（乡村）社会，调整和维系人与人之间关系的，或者说维持社会秩序的，不是西方式的法律制度，而是建立在伦理关系、生活习俗上的一种礼治秩序，伦理本位是维系整个传统的中国（乡村）社会秩序的根本。

所谓“伦理本位”，就是一种基于家庭血缘关系的伦理关系，它涵盖了整个传统的中国（乡村）社会的人际关系网络。在伦理本位的社会中，“纲”“常”成为国家政治、社会道德及社会秩序的根本原则。社会秩序的维持，倚重的不是法律而是礼俗，伦理是“中国社会结构的基本特性”。

在传统的中国（乡村）社会里，伦理本位这一社会特征在人际关系上涵盖了两个层面。一个是家庭层面。家庭是一个群居的社会共同体，每一个人都是这个共同体中的一分子。而在这一共同体中，父母、兄弟是最先的、最近的一层关系，是天然的关联关系，所以“伦理首重家庭”。另一个是社会层面。所谓“伦理关系始于家庭，而不止于家庭”。这是因为人类社会既然是一个群居的社会，为了生存和生活，免不了要与周围的人打交道，因而“人生将始终在与人相关联中而生活（不能脱离社会）”，而且一般情况下，“彼此不是宗族便是姻戚，不是姻戚便是乡里世好”。所以，在传统的中国（乡村）社会里，便有“师徒”“东伙”“君臣”“官民”和“乡邻朋友”的说法，而且为了拉近彼此之间的关系，还有相应的称谓，如“师父”“徒子徒孙”“子民”和“伯叔兄弟”等，由此形成所谓的“情谊生活习俗”。

伦理本位作为一种社会规范和思想体系，其在传统的中国（乡村）社会中的影响无处不在且影响深远。在传统的中国（乡村）社会中，为了让伦理本位成为维系传统（乡村）秩序的根本，这一思想体系还从制度上强化了它的内涵，从而成为约束甚至禁锢人们的思想、道德和行为的规范。譬如，在社会（家庭）人际关系上强调用“纲常”伦理来规范人的行为，一方面强调父慈、子孝、兄友、弟恭，另一方面又强调男女有别、长幼有序、朋诚、友信等。

而在经济和家庭财产关系上，也用“共财之义”“分财之义”和“通财之义”来规定其处分的原则。所谓“共财之义”是指家庭财产为全体家人所共有、共享，不可一人独占。除此之外，人与人之间因情感的亲疏、生活的便宜也提倡分财，即所谓的“分财之义”。因此，在一定条件下，伦理本位强调的是“使经济趋于分散、不趋于集中，趋于消费本位、不趋于生产本位”的哲学理念，其目的在于维护家族的兴盛与繁衍，这才是伦理本位的终极目标。

除此之外，伦理本位的思想在政治上则强调忠君、尊长和男尊女卑，即所谓的“三纲”——“君为臣纲”“父为子纲”“夫为妻纲”，这些使人性遭受到严重的摧残。

当然，伦理本位作为一个社会秩序的根本，也一定有其合理性和积极意义的一面。伦理本位的思想体系强调了家族、团体的力量，即所谓的重团体（家庭、家族、氏族）大于重个人，也非常强调个体对家族的责任和义务，即所谓重义务（责任）大于重权力。而在中国传统的伦理本位的思想体系中，以祖先、本身、子孙为“三世”，因此，它重视的是过去（先祖）、现在（本身或家室）和将来（子孙）。“信仰寄于祖先父母，现在安慰寄予家室和合，将来希望寄予儿孙后代。”这也是中西方伦理本位和个人本位的价值观的区别。

所以，伦理本位作为一种思想和规范，在两千多年来一直影响着中国人的国民性。虽然，其中的一些思想和规范禁锢了人们的思想和行为，但从客观上讲，这种伦理本位的思想观对维护传统的（乡村）社会秩序、规范人际关系还是起到了一定的积极作用。不然，它也无法留存两千多年。

（四）差序格局——传统乡村社会的人际关系特质

传统的中国（乡村）社会是一个建立在血缘基础上的，以家族制度为核心的社会。家族制度是传统中国（乡村）的“社会系统”，是“社构基石”。正如冯芝生所言：“在现代工业国家，家庭只是许多制度之一。但在传统中国，从广阔的观点看，家庭实在就是一个社会。”

在这种社会结构形态下，中国的家庭不仅是一个“生殖单元”，还是社会的、经济的、教育的和政治的单元，甚至是一个宗教的和娱乐的单元，它是维系整个传统中国（乡村）社会凝结的基本力量。这里的家庭，不仅指单一地居住在同一个屋檐下的所有成员，它更是一个以血缘为基底的生命的延续体，是一个“延展的、多面的、巨型的家”（extended multiple great family）。这一延续体，从横向看它涵盖了家族、宗族，而至氏族；从纵向看，它上追溯到祖先，下延至子孙。在传统的中国（乡村）社会，“家是社会的核心。它是一个‘紧紧结合的团体’，并且是建构化的，整个社会价值系统都经由家的‘育化’与‘社化’作用以传递给个人”。

也正是这种特殊的社会结构形态，构建了传统中国（乡村）社会特有的人际关系体系——以“原级团体”为主的，人与人的关系基于身份的，亦即特殊取向的人际关系系统。此外这种人际关系系统是建立在血缘、地缘的基础之上，且“以己为中心”一层一层地向外推，每个人都有一个以自己为中心的圈子，同时又从属于以优于自己的人为中心的一个巨大的、繁杂的、覆盖多层级的（社会）圈子。即中国传统社会的人际关系，是一种以血缘关系和地缘关系为基础而形成的如费孝通先生所言的“差异格局”模式，其在传统的中国（乡村）社会里表现出以下三个方面的特点：

第一，这种“差异格局”是建立在血缘和地缘基础上的人际关系体系，是一个建立在以人伦为经、以血缘亲情为纬的“蜘蛛的网”，具有明显的封闭性。第二，这种“差异格局”是以“己”为中心的“自我主义意识”，一切价值都是以“己”作为中心的主义，因而具有明显的排他性。第三，这种“差异格局”是建立在伦理基础上的调适人际关系的规范体系，具有明显的约束性：首先，它是确定父系权威的规范，即家庭权力的授予是遵循血缘上的等差秩序的；其次，是家庭财产分配的调适规范，即家庭财产的分配是严格遵循血缘上的等差顺序进行的；再次，是确定家庭成员长幼身份的规范，即家庭成员的身份是遵循血缘上的等差秩序的；最后，是确立婚姻关系的规范，重视家庭的地位、财富，而无视个人意愿。

在传统的中国（乡村）社会中，人们自觉或不自觉地在伦理、利益与情感这三个维度上建构着各自的关系网（圈子），并以此来调适彼此间的相互关联。

（五）官绅共治 —— 传统乡村社会的治理模式

在传统的中国社会，县以下的基层社会是乡里社会。所谓乡里社会，它是“一种差序结构的社会，是一种血缘与地缘关系紧密结合，是家长式的统治占有绝对优势的地方”。在这种乡里社会中，官与绅是乡里社会的两极，代表官治与绅（民）治的两大政治利益集团。所以官治又称乡政，它涵盖了乡村“生产生活之管、养、教、卫等方面”。绅（民）治亦称乡治，是“官府设立乡里制度、协调与以乡村领袖为代表的乡里关系，达到乡里政治生态平衡、官绅共治的过程”。因此，官绅共治是传统的中国乡村社会一种特有的乡村治理模式。

官绅共治，即“官”和“绅”（民）相互依靠，共同治理。“官治”代表皇权，是国家权力在乡村的延伸和管制；“绅（民）治”代表地方利益，是乡民的自我管理和约束。在地方公事上，官绅互补互利。官吏被视为国家的栋梁，士绅被视为一邑之望、四民之首；官吏有国家皇权作为后盾，士绅有地方宗族作为靠山。官吏（县官）掌管一县的税赋、治安、教化、风俗。士绅因熟悉地方事务、了解当地民风、与当地乡民有乡亲之谊，且自视为地方福祉的代言人和守护者，所以“下则领民向善，上则补官治不足”。可以说在这种架构下，“官府不能离绅士而有为，绅士不能离官府而治民”。因此，这种官绅共治的架构实质上反映出的是中国传统乡村社会一种特有的由“自上而下的皇权”和“自下而上的绅权”构成的乡村治理格局。

在传统的中国乡村社会，乡绅又称为士绅。士绅在传统中国乡村社会里，是一个非官、非民的特殊社会阶层。他们享有国家制度赋予他们的特权——经济和政治特权。因此，在职的官员或者不在职的士绅都是士大夫，其根本利益是一致的，“国家治天下需要官僚，官僚非士大夫不可”。由于士绅具有双重身份，一方面其所代表的“绅权”是皇权的延伸，是维护封建统治的基础；另一方面，士绅又是地方利益的代表，是乡村内部治理的首领。所以，在“绅治”中，一方面，借助宗族势力，承担起乡村秩序和宗族凝聚的公共责任；另一方面，倚重官府权威，填补了官府与乡民之间治理上的真空，成为官民之间的纽带，既是官府治民的工具，又是乡民对付官府的代表。因此，士绅是传统的中国乡村社会的定型力量和组织因素，士绅力量的稳定、兴衰与向背，直接影响着帝制的稳定与传统社会的走向。

（六）礼义仁孝——传统乡村社会的文化价值体系

在传统的中国这个农耕文明的社会中，家族制度是这个社会的基石。在这种制度的构架下，家庭不仅是一个经济的、社会的单元，还是一个文化的单元，人们在农耕文化和儒家文化的儒化过程中，形成了中国传统社会特有的文化价值观——礼、义、仁、孝。这一价值观，不仅是指导人们思想和行为方式的最高准则，而且也构建了中国传统的乡村社会的文化价值体系。

在古代文献中，“家”指家庭，家庭的意思是家的庭院。家庭作为一个基本的社会单元，具有三大属性：首先，它是一个婚姻生活单位（包括生育和两性生活）；其次，它又是一个经济生活单位，其表现为“同居”“共财”和“合爨”等特性；最后，它还是一个社会生活单位，人们以家庭为单位教育后代，为其婚配，进行社会交往，保障成员的安全等。所谓家族，是以家庭为基础的，按照一定的规范，以血缘关系为纽带结合成的一种特殊的社会组织形式。

礼、义、仁、孝，作为规范家庭或家族成员思想、行为的道德规范和文化价值体系，一直被视为中国传统文化的重要组成部分。礼、义、仁、孝作为一个完整的文化价值体系，最早是由孟子提出的，后来又被西汉大儒董仲舒扩充为“仁、义、礼、智、信”，即后人所说的“五常”。这“五常”再加上“孝”，一起构成了传统中国社会文化价值体系中核心的因素。

1. 礼

礼，最初是宗教祭祀仪式上的一种仪态。“礼，履也，所以事福致福也。”之后在传统的中国社会里，被用来定亲疏、决嫌疑、别同异、明是非。“礼，体也。言得事之体也。”“忠信，礼之本也；义理，礼之文也。无本不立，无文不行。”从此，礼成为一个人为人处事的根本，也是人之所以为人的一个标准。“不学礼，无以立。”

礼在传统的中国社会中，是社会的典章制度和道德规范，是维护上层建筑以及与之相适应的人与人交往中的礼节仪式。周朝就以“尊礼”著称，而论礼最多并自成体系的人则首推孔子，仅《论语》中就有75处记载了孔子论礼。

礼与仁、义是儒家学说的核心。在儒家文化中，以贵贱、尊卑、长幼、亲疏有别来强化封建社会秩序，要求人们的生活方式和行为符合他们在家族内的身份和社会、政治地位，不同的身份有不同的行为规范。所以，礼是一个涵盖多层面的文化价值规范。在儒家心目中放弃礼和礼治，封建社会便无法得以建立和维持了。

在传统的中国社会里，礼与仁互为表里，仁是礼的内在精神，礼是仁的外在表现，重礼是“礼仪之邦”的重要传统美德。在现代社会中礼也极为重要，“明礼”从广义来说，就是讲文明；从狭义来说，就是体现接人待物的礼节“礼仪”、体现个体修养（涵养）的“礼貌”以及用于处理与他人的关系的“礼让”。这些已成为一个人、一个社会、一个国家的文明程度的一种表征和观感。

2. 义

在传统的中国（乡村）社会，义是一个含义极广的道德范畴，它的本意是指公正合理而应该做的事。义的繁体“義”：从我，从羊。“我”是兵器，又表仪仗，而仪仗是高举的旗帜，“羊”表祭牲，合起来的字面意思是为了我信仰的旗帜而牺牲，本义即为了我信仰的旗帜而不惜牺牲。在中国，孔子最早提出“义”。

在传统的中国（乡村）社会，义与仁并用成为儒家道德规范的核心——“仁至义尽”。如果仁是美好的道德，那么义则是实现这种道德的准则。孔子说“不义而富贵，于我如浮云”，古人亦说“义不杀生，义不杀少”……义至今仍是中国人崇高道德的表现，如“义不容辞”“义无反顾”“见义勇为”“大义凛然”“大义灭亲”“义正词严”等；义还是人生的责任和奉献，如义诊、义演、义卖、义务等。

3. 仁

仁字，从字面上是由“人、二”构成，也就是人们互存、互助、互爱的意思，其基本含义是指对他人的尊重和友爱。

仁，作为中国传统儒家思想中的一个重要的道德范畴和文化价值观，其在春秋时，通常与忠、义、信、敏、孝、爱等并列在一起，被看成人的重要德行之一；到了孔子这里才得以从其他德行中超拔出来，并被赋予新的、丰富的内涵，成为最高的道德原则、道德标准和道德境界。孔子把仁定义为“爱人”，认为在处理人与人的关系上，如果一个人能做到推己及人，也就做到了仁，这是孔子思想体系的理论核心。

仁到了孟子那里又得到了进一步的发展和完善。孟子把仁与义联系起来，把“仁义”看作道德行为的最高准则，并第一个把道德规范集于一体，形成了以“仁”为核心的伦理思想结构，包括孝、悌、忠、恕、礼、知、勇、恭、宽、信、敏、惠等内容。其中，孝悌是仁的基础，是仁学思想体系的基本支柱之一。他提出了著名的“仁政说”，要求把仁的学说落实到具体的政治治理中，实行王道，反对霸道政治，使政治清平、人民安居乐业。这在中国政治思想发展史上产生了重要影响。

4. 孝

传统的中国（乡村）社会，是一个建立在伦常关系上的典型的“父权的社会”，“是一个以孝为基础的伦理世界。‘孝’实是中国文化的‘大传统’以及‘小传统’的核心”。

孝是中华民族传统美德的核心之一，历朝历代都留下了很多对孝的诠释和说明。到了春秋战国时期，在以孔子为代表的儒家思想中，仁和孝是一个很重要的核心内容。在儒家看来，仁是作为圣人的必要准则，孝是作为仁的内核。“君子务本，本立而道生，孝弟也者，其为仁之本也”，儒家从理论上肯定了孝是人伦最重要的因素之一。

中国自古就有“以孝治天下”之说，拥有“孝的文化”。中国的许多道德观念，如三纲等，皆是以孝为中心点而展开的。中国人自出生到死亡，都生活在家之下，同时也受到“孝”文化的熏育。因此，“以孝治天下”的格局贯穿了中国两千多年的封建历史。

（七）天地君亲师——传统乡村社会的文化信仰要义

如前所述，传统的中国（乡村）社会是一个农耕文明社会，但这种农耕文明与其他国家又有所不同。一方面它深受中国传统儒学文化的涵化，另一方面它兼受道家、佛家文化的影响，从而构建了传统的中国（乡村）社会独特的文化信仰，儒家文化一直起着主流的支撑作用。所以，“天、地、君、亲、师”成了传统中国（乡村）社会文化信仰的核心，其表现出来的意识形态和思想道德规范已渗透到传统中国社会家教家传的言行举止中。

1. 天

天在中国古典哲学思想界既指天空、宇宙，又指抽象神秘的神灵。前者是物质的天，是自然形成的；后者是精神的天，是人类创造的。在传统的中国（乡村）社会，天在人们的心目中神秘而不可测，在人们的意念中，且不说神灵的法力无边，就是宇宙的浩瀚也足以让人望天兴叹。所以，人们对天一直都存有极大的敬畏之心，也因此创造了天命、天意、天道、天然、天神、天子等词汇。所以，在中国的传统中有敬天的习俗，如北京的天坛就是用来祭奠天神的场所，它也是传统中国社会文化信仰的一种有形的表现形式。

2. 地

传统的中国社会作为一个农耕社会，人们对土地怀有很深的情结。在传统的中国人的眼中，土地是万物生存的本源，是人类生活的根本。地承载万物，为人类提供食物的来源。“地，底也，言其底下载万物也。”“土，土生万物。”《易经》中也讲到，乾主天，有天父的含义；坤则主地，有地母的含义。所以，在传统的中国（乡村）社会，除了有祭天的习俗外，还有敬土地神的习俗，即“祈年祭”。随着人口的繁衍和农业生产方式的改变，人们对土地本身的依赖越来越强烈，在他们看来，五谷、粮、蔬都是土地的恩赐，由此产生了土地崇拜，而且这种崇拜一般多与农事活动相关联。

3. 君

这里的君主要指的是国君，因为国君作为一个国家的统治者，他掌管一国之百姓，并握有生杀之大权。这从中国的汉字“群”的写法中可以有所体现。“羣”是个异体字，君在羊的上边，寓意老百姓如羊一般，是君在牧放他们、驱使他们、宰割他们。所以，人们对“君”充满敬畏。当然，在“文化信仰”中，人们对“君”的信仰，一方面，是源于人们对君的威严的敬畏；另一方面，是人们祈盼君王的仁政和清明，以此带来世间的祥和和百姓的富裕。

4. 亲

亲，在《说文》中有“亲，至也”，指人伦中的至亲之人。在中国传统的文化信仰中，亲有两层意思。一是对父母的孝顺。人的至亲者即是父母，父母就是子女的天和地。对父母尽孝，既是中国传统的儒家思想的核心思想之一，也是中国文化信仰的一种具体表现形式。二是对祖先的崇拜，这种信仰是建立在血缘关系上的一种人生价值观。在传统的宗族社会，人们为了凝聚家族的向心力，通过拜祖、祭祖这种具有文化信仰的祭奠仪式来表达对“亲”（先祖）的崇拜和追忆，以求得宗族内部的团结。

5. 师

师，原意是指学问深厚、学识先进、恩泽后世、有德行的人。在古代，师更多的是指历代的明君，如伏羲、炎帝、黄帝、尧、舜、禹、汤、周公。因为他们的德服众人，功绩使得后人受益。后来师则专指教授学业的老师。在传统的中国传统文化中，师则是指孔子。祭祀孔子，是历代朝廷典章制度的重要内容，也是帝王政治生活中的大事。因此，在传统的中国社会，各地都建有文庙或孔庙对其供奉。这种祭祀和宣扬，一方面，是要维护儒家的纲常伦理，以此来巩固封建统治秩序；另一方面，也是在弘扬尊师重教的理念，由此推动中国文化的平民化和普及化。所以在传统的中国社会有“师道尊严”之说。

总而言之，“天、地、君、亲、师”不仅体现了中国传统文化信仰的精要所在，而且包含了忠、孝、仁、义、礼、智、信、廉、耻等传统的中国社会的文化价值观，是中华民族传统文化的精髓之一。

二、城市发展下的新农村形态

（一）现代文明和城市发展的困惑

现代文明是伴随工业化进程而形成的，是人类文明的一种更高级的阶段，即从采集、狩猎文明到农耕文明，进而进化到工业文明。但是，现代文明与世界上其他的事物一样具有两面性，即“它在造福苍生的同时，也可能带来一些始料未及的社会问题”，这就是人们通常所说的“现代文明病”——技术进步而道德滑坡、科学发达而人文堕落、物质丰赡而精神贫乏、工具先进而文化颓败、生活优裕而思想疲软等。

导致这一“现代文明病”形成的原因是多方面的，越来越发达的科学技术无疑是诱因之一。科学技术作为现代文明最显著的特征之一，毋庸置疑是推动人类社会发展和进步的最重要的生产力。但科学技术越是发达，越要在其应用上把握有度，即要有“理性规范”。如果失去理性，就会导致所谓的“技术崇拜”（或“工具理性”）。而这种技术崇拜（工具理性）则表现为对人的全面发展的漠视与偏离，造成社会进步中人与技术的“本末倒置”。一方面，技术与伦理的疏离，将导致人文精神的失落，从而严重困扰人类的精神生活，造成信仰的迷失；另一方面，经济至上与人性丰满的悖论，造成物质文明与精神文明的失衡，导致人类良知系统沦丧，引发社会道德失范、个性扭曲和萎缩。所以现代化带来的并不总是高品质的生活享受，也可能会带来人类生存、信仰、生活方式、人际关系和社会秩序等一系列现代文明下的当代城市社区的困惑。

1. 高度的文明与环境危机带来生存的困惑

现代文明不仅为人类带来丰裕的物质享受，以及便捷、高效的科学技术和生产方式，而且还为人类带来更为舒适、自由的生活环境和人文精神，是人类社会发展的自然选择和必然之路。然而，也给人类未来的生存和发展带来了诸多不确定性因素。尤其是其对生态环境的破坏，更使人类的生存和发展面临着一场前所未有的灾难和危机。环境问题突出表现在以下四个方面：

第一，空气受到严重污染；第二，水资源短缺，形势愈发严峻；第三，人类栖息地，包括土地（耕地）、森林、草原和湿地等维系人类生存的载体和资源遭到破坏；第四，由于生态环境被破坏、栖息地环境改变等带来的生物多样性下降。

总之，这种破坏和影响是深远和无法预测的。正如生态学家所指出的那样，全球十大环境问题已直接威胁着全人类生存和文明的持续发展，这一影响不仅会殃及一代人、两代人，而且将影响几代甚至几十代人的生存和发展。

2. 物质的丰裕与精神的迷失带来信仰的困惑

梁启超先生曾经说过："信仰是神圣的，信仰在一个人为一个人的元气，在一个社会为一个社会的元气。"人有两种生命，一种是物质生命，另一种是精神生命，人类的生存不仅靠肉体的支撑，更靠精神生活的滋润，其中信仰就是滋润人们精神生活的一个很重要的组成部分。

但是，人的信仰并非是一成不变的，尤其是在社会转型发展时期，人们面对一个复杂多变的世界，一个充满了挑战、困惑与机会的世界，在享受着现代化进程中的丰裕物质之时，将日益感受到精神家园的迷失。在"世风日下""人心不古"的叹息声中，精神与思想危机通过各种形式影响着我们的思维方式和行为规范，并最终演变为更严重的社会问题。尤其在当下的中国，不断加速的工业化、城市化进程，使人们在感受到前所未有的富裕物质带来的愉悦的同时，由于精神生活中的"信仰危机与价值失落"，信仰问题现实而迫切地摆在了我们面前。

由于多方面的原因，中国的“信仰危机”又不同于世界上其他国家和地区，中国本来是一个素以礼仪之邦自居的国度，社会转型中暴露出来的种种社会的、经济的利益冲突和矛盾焦点问题，使人们一瞬间丧失了信仰的精神支持和道德制约。一个没有信仰的时代是可悲的时代。今天社会普遍存在的“信仰危机”，这是一个不可忽视的紧要而迫切的社会问题，它对中国未来发展的影响是深远而沉重的。

3. 交通、资讯的发达与人情的冷漠带来人际关系的困惑

人首先是社会人，人在社会中的生存和发展，离不开邻里友善，离不开人与人之间的以诚相待、互相帮助。一个家庭、一个单位、一个社会，做到了人与人之间关系和谐就能形成巨大的社会合力，促进社会的进步与发展。

快速的交通工具和发达的资讯手段是现代文明的两个“重要的面向”，也是“现代社会的重要内涵之一”。发达的交通和资讯使“社会大众投入一个‘广大的沟通网’中”，人与人之间的交往变得更加快捷、便利和通畅，而且在减少相互间交往的时间和成本、缩短人际交往圈之间距离的同时，也带来了人际交往上的困惑。一方面，现代社会强大的竞争压力和金钱至上的拜金主义，使人们忽视了人世间最值得珍爱的“人生关怀”，懒于将其运用于人际交往；另一方面，在人际交往上过度地依赖电话、互联网这样的科技手段，淡化人世间原有的亲情真义，使亲情变得淡薄、友情变得冷漠。而这与传统的中国社会注重亲情、亲谊、伦理，以孝、悌、友、爱为主体的“礼”的儒家思想，以及人与人之间相互关爱、和谐共融的维系中国数千年农业文明的核心思想体系和价值观念大相背离。

4. 健全的法制与道德的缺失带来社会秩序的困惑

道德或道德观念作为人类把握世界的一种特殊的精神实践方式，渗透在人们社会关系的各个方面。同时，道德作为一种社会意识形态，又是一定经济基础的反映。在传统的中国农耕社会，人们以血缘家庭为生产单位，从事的是靠天吃饭的自然经济，所以人们信奉的是血缘伦理和鬼神文化，遵循的是建立在家族血缘基础上的礼、义、仁、孝、信、智的儒家道德观念。

而进入 20 世纪以来，随着西方文化在中国的传播和浸入，中国的社会意识形态和经济基础也随之发生了变化，建立在以儒家思想为基础的传统道德或道德观念，开始发生动摇。而在这一过程中，新的适应于这种社会变革的道德

或道德观念尚未完全建立起来。

总而言之，作为现代文明的两个重要方面，工业化催生了城市化的进程，城市化是工业化发展的成熟标志。现代文明在带给人类繁荣与发展的同时，也带来了社会的“异化”与“丑陋”，从而折射出前面所提到的现代文明的困惑。虽然这并非现代文明的全部，而只是现代文明“异化”的结果，但这一切又都是人类社会发展的客观现实。因此，我们不能拒绝现代的文明，不能抛弃现代文明中一切促进人类社会生存与发展的动力因素。

（二）当代新农村建设模式的困境

中国是一个传统的农业大国，农村自古以来就是中国社会的根本和基础。中国的农村社会作为一个富有“地方性”特质的“乡土社会”，农村的发展在一定程度上决定着中国社会的稳定与否和未来走向。

中华人民共和国成立以来，中国农村的发展经历了三个重要的发展时期。第一是 20 世纪四五十年代（1949 年至 1957 年）以土地改革为主的农村发展时期；第二是 20 世纪 50 年代至 70 年代（1958 年至 1977 年）以“人民公社化”为主体的农村发展时期；第三是 20 世纪 70 年代末至 21 世纪初期（1978 年至 2005 年）建立以家庭承包经济体制为主体的农村发展时期。而从 2005 年提出并实施推进多年的新农村建设，从客观上讲，对促进农村面貌的改善、农民生活质量的提升，尤其是农村基础设施的改善起到了非常明显的推动作用。但在诸多其他因素的影响下，传统的农村社会生态，包括传统的社会结构、文化价值和生活方式等也面临一些严峻的问题。

1. 乡村社会形态在城市化进程中走向畸形

传统的中国乡村社会，既具有中国数千年农耕文明积淀下来的“内生的组织结构和社会秩序”，又蕴含着维护和修复这种组织结构和社会秩序的“传统的乡里制度和村落文化”，是传统的中国乡村社会得以数千年来香火传承、世代永续的“生存空间和价值世界”。

然而，在现代化的“旗帜”下，人们有意识或无意识地开始逐步打破这种绵延数千年且符合中国农民生产方式和生活习性的乡村社会形态和组织结构，使乡村的社会形态和组织结构在城市化进程中走向畸形，主要表现在为了推进城市化和工业化，开始大规模的“圈地运动”和村庄集并：一方面，使农民早已习以为常的生产方式遭受破坏，比如农民居住地和生产地（承包地）之间距离的延伸造成生产上的不便，原来相匹配的农田灌溉和水电配套设施面临重新的规划和修建，大量的农家商铺、酒店、旅馆、加工场所等经营性场（厂）地的迁移，不仅不利于农民生产、生活，还造成大量的农村人力、财力、物力的浪费；另一方面，使农民原本早已习以为常的生活方式也发生了根本性的改变——由一个熟人社会变为一个相对生疏的陌生社会，使原本相互熟稔的生活群落变得陌生而不可捉摸，从而导致原有稳定的家庭邻里关系和亲戚宗族网络遭到破坏，使原本亲近的人际关系变得交往失据（长幼不分、上下不明）而相互猜忌、缺乏信任，最终导致原本稳固的乡村层级结构和网状体系逐步解体。

2. 乡村生产生活方式在工业化进程中走向没落

乡村生产生活方式是建立在以家庭为社会单元基础之上的一种社会形态，农业是乡村社会的经济基础和乡村社会群体的主要职业。在传统的中国乡村社会，无论是其生产方式还是生活方式，都有三个方面的特殊方式和习性：第一，以家庭经营为基础，生产与生活相通，人、地、天三者相统一是这个社会基本的生产形态；第二，这是一个建立在熟人基础上的互助社会，邻里间“同风俗”“齐巧拙”“通财货”“无有相贷”“出入相司”“嫁娶相媒”“疾病相救”是这个社会的基本属性，人们在这个社会中形成了良好的人际关系和生产互助模式；第三，这是一个集生产性和生活性于一体的人类生活共同体——一个人与自然融为一体的“田”“院”社区，四季相因、日出而作、日落而息是这个社会的主要生活方式。

然而，在当下的农村改造与建设的过程中，很多地方出现的迁村围地的方式，不仅掠夺了农民越来越少的耕地资源，也掠夺了农民的就业机会，增加了农业生产成本。很多进城的农民由于没有融入城市生活的技能，只有靠打零工和干苦力来度日，甚至失业在家。而农民由“地上”（平房）搬到“楼房”，又以分散居住改为集中居住，不仅不方便生产生活，还增加了生活成本。把农民“赶进”新社区，居住环境虽然好了，但生产生活中的各种矛盾和问题开始显现，比如：住房面积变小使得生产资料和生产工具无处存放，远离了田地山场造成生产极不方便，失去了发展庭院经济的条件从而没有了这部分收入，然而生活成本和费用开支却明显增加，家庭的日常生活消费负担越来越重等。这些都是乡村生产生活方式在工业化进程中逐步走向没落的最直接表现。

3. 乡村文化认同在现代化进程中走向衰亡

本节所论及的乡村文化是一个基于精神层面的狭义文化概念，是一种植根于传统的乡村社会形态与社会结构状态下的文化现象。它“涉及一个文化的信仰系统、价值系统、社会习俗等最内层的质素”，这种文化的认同感，构成了延续中国数千年农耕文明的精神支柱，形成了指导和制约人们日常生产生活的行为准则和道德规范，即通常所说的乡规民约，又形成了构建在士绅（即现代所说的乡村文化人、乡村能人和乡村精英分子）个人特质——文化、道德、技能上的权威。

随着中国现代化进程的不断推进，这种底蕴深厚的传统乡村文化逐渐被快餐式的城市文化所取代，一些对传统文化价值的认同被视为守旧、封建或不思进取，自我主义、见利忘义、冷漠寡情被视为当代人生存方式的新宠，而被人们尤其是年轻人所津津乐道，数千年积淀下来的传统的乡村文化价值观逐渐被人为地割裂，甚至是被遗忘，乡村文化认同在现代化进程中逐渐走向衰亡。

4. 乡村社会秩序在现代化的形变之中被打破

传统的中国乡村社会秩序是建构在血缘、地缘（基于邻里乡党的社会观）和人缘（基于亲朋情谊的生活观）这“三缘”基石之上的一种社会形态与组织结构，是植根于中国数千年乡村历史嬗变与社会融合的社会规范与行为准则。

而随着中国现代化进程的不断推进，西方的“器物技能层次”（technical level）在中国包括广大的乡村得到广泛推行的同时，西方的“思想行为层次”（behavioral level）——一个涉及“文化的信仰系统、价值系统、社会习俗等最内层的质素”也随之渗透到农村的“肌肤”体内，使乡村社会秩序在现代化的形变之中逐渐被打破、被改变。这种改变主要表现在以下三个方面：第一，乡村精英对社会的影响力受到严重削弱；第二，建立在伦理道德上的乡村规范和行为准则遭到质疑；第三，建立在熟人社会里的人际关系网络遭到破坏。在新的陌生环境中，由于农民对新生的法律条文和契约文书等现代的交往方式既不熟悉也不习惯，于是人们在交往中产生隔阂，形成人为的障碍，彼此间因缺乏信任而使社会变得冷漠。于是，人们走向闭塞、自卑甚至犯罪。

总之，乡村社会的一些固有的、基本的且不可或缺的内生性因子——“充满着生命、文化、建筑、生活、植物、文明的多样性”，在当代的乡村建设运动中正在逐步走向衰亡，因此我们对当下中国的现代化可以给乡村发展带来什么要有清醒的认识和深刻的反思。

（三）“更像农村”的新型乡村共同体

20 世纪以来的社会，是一个渐进发达的现代文明的社会，乡村社会作为人类社会发展的根基和本体，也会随着现代文明的不断发展而获得新的生命力。当下进行的新农村建设，就是要使传统的乡村在中国现代化过程中获得新的生命力，成为一个“更像农村”的新农村，即一个介于甚至超越传统与现代的新的乡村社会共同体。

1. 农村与城市的融合——新型的村庄形态

乡村，是人类生活最初的社会共同体，是人类社会的本源和根基；城市，是人类社会发展过程中有别于乡村的一个新的社会组织形态，是从乡村社会中衍生和发展出的一种新型人类生活共同体，“是人类阶段性的文明象征，是人类文明和智慧最集中的体现”。城市和乡村是两个既相互联系，又存在巨大差异的空间范畴，它们之间既具有“重叠性”，又存在“异质性”，是“两种完全不同的生存状态”。正是这种城乡间的“异质性”，即生产条件和生活品质的巨大差异，使当下建设中的乡村社会形态——“新农村”，在新一轮的乡村社会改造中发生了严重的偏离。为此，“绿十字”提出了“把农村建设得更像农村”的理念，其核心就是要改变在新农村建设过程中城市与乡村出现的割裂现象，建设一个城市与乡村相互融合的“更像农村”的新农村，即一个田园中的城市和城市中的田园浑然一体的新的乡村社会生活共同体。

一方面，城市与乡村社会也存在根本性的差别：乡村是一个相对开放的系统，城市是一个相对封闭的空间；城市是一个繁华、快捷、高能耗、多元的社会，乡村是一个静谧、渐进、环保、单一的生活共同体。但城市社区又是人类社会进步与发展的象征，尤其现代城市，更是工业文明的产物。另一方面，现代的乡村亦有别于传统的乡村，虽然农业依旧是乡村的基础性产业，但产业融合的大趋势已使农业不再具有唯一性，工业、商业和其他非农产业也逐步渗透到乡村，成为乡村产业的重要组成部分。此外，乡村与城市的边界再也没有高墙城池的阻隔，城市与乡村间的边界变得越来越模糊，加上现代化交通、通信工具的运用，极大地缩短了城市与乡村之间的距离。因此，“城市是放大了的乡村”，城市与乡村的融合是“更像农村”的农村中的一个重要内容。

要想让中国的乡村社会在中国的现代化社会大转型的过程中生存下来，通过工业化、城镇化的方式寻求乡村社会的自身变革是唯一的路径。但这种变革，并非是要去废除经过几千年乡村社会嬗变与融合而沉淀和育化的传统乡村文化和乡村社会秩序，更不是要从源头上根除乡村社会形态。正如孙君所言，“我们不能再把农村建设得村不村、城不城，保护旧村、保护历史、保住民间文化、保住农民的朴实无华与勤劳就是未来新农村的最大希望。”但不废除、不根除，并不意味着因循守旧、不改变、不发展，而是要在理性的、有选择的保护中去改造、去发展，即通过“做有准备的新农村建设”，引入城市的发展理念，以及优秀的文化、思想、制度，使传统的乡村社会求得新生、获得发展。

具体来讲，这种新型的“更像农村”的乡村社会共同体（新农村），是一个兼有城市元素——现代化的资源要素配置、环保化的产业集群空间，人性化的政府服务理念、完备化的公共管理与服务体系，以及城市化生活水准的新型综合体，又有乡村特质——田园牧耕、苍翠的青山、自然流淌的河流，简约而不饰雕琢，淡泊而略显朴质的理想的人居、生产与生活的场所，是一个人与自然、自然与产业、产业与人居环境和谐共生的理想空间。在这种新型的乡村社会中，人与自然、生态与经济、社会与集群处于一种良性互补、共存共融状态。所以，实现城市与乡村的融合，是“更像农村”的农村的一个典型特征。

2. 农耕文明与工业文明的重构——新型的生产方式

在新农村建设中，工业文明是否可以完全取代农业文明而成为乡村建设与发展唯一的路径？实践给予的回答是否定的。因为中国的农村是一个由几千年传统文化积淀下来的社会形态，与世界上其他国家或地区相比，它既有相似性，又有特殊性。作为一个具有中国特色的乡村社会形态，任何单一的文明都难以解答当下中国乡村建设所面临的问题和矛盾。为此，在“把农村建设得更像农村”的理念中，重构一个基于农业文明和工业文明的新乡村，是“更像农村”的农村的一个重要组成部分，而重构包括了生产方式、生活方式和文化价值观三个方面。

传统农业是一种简单的农业形态，是一种遵循农作物自然繁衍生长的、非人力助长的自然生存状态下的生产方式。中国的传统农业，尤为强调四季变化对农作物生产的影响，重视农业生长的自然状态，反对人为的催生效应。传统农业和现代农业相比虽然效率相对要低一点，但其是一种有效的农业，通过土、肥、水、种、密、保、管、工的生产要素和生产技术在农业生产过程中广泛使用和有效运用，使传统的中国农业成为一种“永久性的农业”。

石化农业是工业文明的产物，是现代农业的一个重要组成部分，是建立在以石化为原料的基础之上，依托现代科学技术而形成的一种农业生产方式，是一种相对复杂的农业形态。它提高了农业的生产效率，降低了农业的劳动力强度，减轻了农业对手工劳动的依赖性，给人类带来更加丰富的食物保障、更加多样化的食物品种的选择，给工业生产提供了充足的原材料。但它更多强调的是生产效率和产能高增长在农业生产过程中的作用，忽视了四季变化的自然调节和农作物生长的自然机理对农产品品质的重要性，打破了人类—农产品（生产农产品）—再人类（消费农产品）—再农产品（人类消费的残余——人体排泄物和厨余垃圾进入农业生产环节，生产出新的农产品）的循环状态，从而生产出一种“变性”的农产品。同时，因农业生产中过分使用农药、化肥、农膜等石化产品改变了土壤的结构，农药残留和水体污染破坏了自然界物种的多样性，而且给人类的生存带来了严重的威胁。

农耕农业和现代的石化农业各有利弊，所以，在当下的新农村建设中，任何一种单一的农业生产形态（或者农业生产方式）都不能在“新农村”中加以推广和运用。

3. 传统与现代的对接——新型的文化认同

传统社会与现代社会是人类社会发展与进步的不同阶段的标识，现代与传统没有截然的区分，它们是一个相对而言的历史概念。但无论是传统还是现代，都是一种“社会文化现象”。

关于传统与现代转型的迷茫与挑战的争论，在当下中国新时期乡村建设运动中，表现为急于想改变乡村经济落后、社会发展滞后、农民生活水平提升缓慢、城乡差别日趋明显，人为地割裂现代与传统的关联，造成现代与传统在今天的新农村建设中的撕裂与断层。凡是旧的、传统的，无论它是否符合中国农民的特质，是否符合中国农业的特点，是否符合中国乡村社会的特性，都把它视为陈旧的、过时的、不利于社会经济发展的因子和阻力而排除在新农村建设的进程之外，甚至加以无情地剔除和消灭。

“把农村建设得更像农村”的新农村建设理念的实质，就是要在新时期的乡村建设运动中实现传统与现代的对接，建成集传统与现代为一体的具有二元文化价值观的新农村。这种新农村建立在传统的乡村文化价值观基础上，并引入现代化要素，包括发达的科学技术、先进的管理制度、优秀的思想文化，尤其要强调传统与现代中的信仰系统、价值系统、社会习俗等“最内层的质素”的对接，强调现代的器物、制度、文化与传统的技能、秩序和伦理的统一，是“更像农村”的农村的又一典型特质。

亦如孙君所言，“今天的新农村建设自然应该延续着这条古道，同时又必须添加一些当代的文明元素，关键是这些元素不能喧宾夺主”，因为这些“最内层的质素”是人类“整个生活方式的基料”，是人类生存的根本和基础。

4. 物质丰裕与精神富有的契合——新型的生活形态

物质和精神是支撑人类社会生存与发展的两个方面，相互依存、互为一体，物质是满足人类生存的基本要素，精神是提升人们生活品质的重要保证。因此，一个健全的、文明的、持续发展的社会，不仅是物质丰裕的社会，也是精神富足的社会。因此，在追求社会财富不断满足的同时，不断实现人格的自我完善，是人类社会向文明社会发展的重要象征。

然而，现代社会的发展却偏离了这种轨道，人们更多地追求社会财富的不断积累，而淡化了自身人格的努力完善。为了实现物质的不断丰裕，可以不择手段——社会的道德、规范甚至法律被践踏，人类的良知、友情甚至亲情被扼杀。而更为重要的或者说更令人担忧的是，这些现象的很多方面正在乡村建设的过程中不断渗透，为新的乡村社会的发展埋下了许多隐患。最典型的例证就是：在当下一些地方的乡村建设中，无论是部分民众还是一些地方政府官员，为着一个所谓的“尽快脱贫”的共同目标，总是把物质的生产放在优先地位，甚至作为唯一的目标。这导致一些农村的物质条件越来越好了，但人们的精神生活越来越空虚。

基于这种畸形化的发展趋势，在农民的生活中，物质丰富固然重要，但精神生活也不能缺失。所以，乡村建设“不仅仅依靠钱，更重要的是精神，虽然经济高速发展了，可丢掉了很多精神的东西。现在的农村发展要反思城市的教训，不能除了‘钱’什么都没有了”。因此，“道德和文明要先行”是新农村建设应坚持的发展路径，在“更像农村”的农村实现物质丰裕与精神富足的有机契合，既是一个文明的、可持续的乡村社会的本质要求，也是人类社会发展的客观规律。

5. 礼俗与法理的重叠——新型的行为规范

按照社会学原理，人类社会一般分为礼俗社会和法理社会。所谓礼俗，是指以民间传统习俗为基础，依靠代代相传的习惯势力实施管理，并提升为礼的规范（或一系列的社会制度），即所谓的礼制。而礼俗社会又称为“有机的团体”，这种社会“并没有具体的目的，只是因为在一起生长而产生的社会”，乡村就是一种礼俗社会。所谓法理，是相对礼俗而言的，建立在法理基础之上的社会，通常被称为法理社会或者法制（法治）社会，强调法的精神和制度是法理社会的核心价值，人们的行为规范和社会秩序按照明确的法律秩序运行。礼俗社会向法理社会转型，通常被人们认为是社会文明向前发展的一种象征，法理社会是一种较礼俗社会更为文明的社会，为现代大多数人或者社会所服膺与向往。

礼俗和法理虽然分属于不同的社会形态，但作为一种行为规范，其适用性并不是绝对的或单一的，它们有可能同时并存于某一种特殊的社会形态中。而中国现代的乡村社会就是这样特殊的社会形态。一方面，无论是中国传统的乡村社会还是现代的乡村社会，都是一个熟人社会，依然保留有数千年儒家传统儒化的礼俗特质；另一方面，乡村社会又融入了部分现代社会的法的精神和制度，契约作为一种新的行为规范也开始在乡村中普遍流行。这种“礼俗”的保留和“法理”的融合，因中国乡村社会转型只经历了短暂的三四十年历史，是在一种仓促的、缺乏理性的碰撞中进行的，出现了一种似传统而非传统、似现代又不像现代的“异质性”的社会文化现象，使一些地方的新农村建设发展理念有悖于乡村的传统文化价值观和农民的真实需求与愿望，使乡村的改造与建设成为部分地方政府一厢情愿的，容易出现盲从与武断之下的政绩工程。

正是基于忧虑这种非理想的乡村建设路径对乡村造成危害，“把农村建设得更像农村”的理念反映在礼俗与法理的关系上，强调礼俗和法理不是相互否定，而是相互吸纳与融合、互通与共生的，要求在新的“更像农村”的农村中实现礼俗与法理的重叠、共生。一方面，要强调礼俗的作用，强调以家为核心的伦理和道德在维系人们行为规范上的重要性，强调规范与制度中的人性化；另一方面，又要强调法的精神和制度在现代社会中所起的制衡与约束作用（有效性），强调契约的强制力与有效性，将人性的劣根及其对社会秩序的破坏力控制在最小范围，确保人与人的关系处理公平、有序。

6. 人与自然的和谐——新型的价值观念

追求人与自然（天地）和谐是中国传统哲学思想的精髓，也是中国传统乡村文化价值观的核心要素之一，在中国传统的乡村社会表现得更为突出。自然界中的土地、大气和水等物质是与乡村紧密联系的要素，“天地人合”是中国农民数千年来一直秉承的一种最朴素的生产方式和生活价值观。

然而，自中国进入现代以来，人们在受西方以追求物质上自我满足的文化影响下，不仅人类的生态环境开始变得恶劣、人与自然间的生态链出现断裂层，更重要的是，植根于中国传统文化价值观念的现代中国文化在西方文化的冲击下开始迷失自我，变成一个没有“根”的舶来品。这种自我的迷失，很重要的一个原因是，人们对追求人与自然和谐的敬畏心态在中国现代的文化生态中开始动摇，并走向衰落。

正是基于对这种传统文化价值观在乡村建设中迷失的忧虑，孙君提出，“更像农村”的新农村不是一个脱离了中国乡村应有属性——天人合一传统文化信仰的现代舶来品，而是构建在这种传统的对追求人与自然和谐怀有敬畏心态，并融入现代先进文化元素和价值观的一种新型的乡村共同体，是一个 “更像农村”的新农村。

综上所述，“更像农村”的新型乡村共同体——新农村，不是让人们放弃现代文明中的先进理念和技术，开传统乡村模式的历史倒车；更不是对现代化全盘的否定，让人们回到“小民寡国”的刀耕火种的时代。而是要“使已丧失的传统价值回归到实际中来，所以它不是单纯的‘复古’，而是在对传统的‘重估’”，是取其精髓、摒弃缺失，是继承中的否定，是一种超越现代文明的人类生存方式的新尝试。正如孙君所言，“所谓新农村，从精神层面来说就是农民新的希望；从形式上来说，就是农民支持、农民参与、农民能收益”，是“新农村与旧农村并存，新文化与旧民俗并存，时尚与传统并存；着力于生态文明的传播，消除农民心灵的污染，推广知识平民化、科技生活化”的新农村。因此，传承传统，融入并且超越现代是“更像农村”的新农村的基本特质。

三、解读农村，走近农民

人们常说，入乡随俗。乡村有乡村的语言，农民有农民的生活，城市和乡村两种完全不同的生存状态决定了两种不同的思维方式，或者说是两种不同的沟通方式。

农村和城市不一样。到底有哪些地方不一样？开始时孙君说不清，很多基层干部也说不清，专家们说的也是比较空洞的概念，什么“国民待遇”“城乡差别”“维权”……但这些都不够具体。不具体，就没有办法找到从事乡村建设的路径，那些在农村做事的人和机构也只能做在面上，这样一来项目就会做一个失败一个。于是，孙君和“绿十字”团队从2003年开始深层次走进乡村、走近农民，用心、用爱一点点体会着乡村与城市的差异和距离，发现乡村其实是另一个世界。孙君很形象地表述为：

城市人喜欢四季如春，农村人需要四季分明；城市人喜欢以阳历计算日期，农村是以阴历（农历）计算时辰；城市是人围着狗转，农村是狗围着人转；城市人过节乡村游，农村人过节城市游；城市人还在追求生态住宅，而农村人出生就拥有生态家园；城市提倡人与自然要和谐，农村人与自然和谐达千年之久……

孙君以为，三农问题中的核心问题是农民和农村，“说到农业就太宏观了，是国家层面的问题，对于我来说，只要了解政策与法律就足矣。”孙君认为，农民的特点之一就是拥有土地（含山林与河流），没有土地就不是农民。这些基本生产资料虽然由农民耕种，可是土地又属于集体所有，农民生活与生产归村委会管理。也就是说，农民与村庄（村干部）加在一起就等于农业，说得再直白一点，村干部绝对代表农民，自然他们也代表农村。这个说法虽然不太准确，但成为孙君对乡建认识的出发点，即“国家制定政策会从农业、农村、农民着眼，而我研究问题一定是从农民和农村开始”。

在孙君和“绿十字”看来，今天的新农村建设中，对于农民和农村该有的政策中央基本都给了，农民对政府也很感恩。修路、架电、电视、通信、网线、农业免税、医疗合作、社会保险、九年义务教育等在一一落实。我们现在要做的只是如何帮助农民开启他们的智慧，规划未来新农村建设的目标，以可持续发展的眼光来建设新农村。也就是说，现在最重要的是行动，是把中央的新农村建设精神落到田间地头。要推动农民继续积极参与新农村建设，处理好村民自治的管理体系，农业的问题自然就解决了。

正因为如此，“了解农民、走进农村”是建设新农村的首要条件。晏阳初先生当年脱掉西服换长衫，换掉皮鞋穿布鞋，目的就是要了解农民、体验乡村。而在韩国新村运动中，学者与专家还有官员和教员要提前3个月住到农村，目的也是要了解农民和农村。“绿十字”在乡村工作了近20年，对乡村生活有了一些体验，正因为有了这些基础，乡建项目一直发展得很顺利。而“绿十字”曾经对湖北省一些乡村生活和工作细节做出的描述，是通过日常工作中的一些感受总结而成的，虽然不能代表广大中国乡村的全部，却能对投身到乡村建设的人有一些启发和帮助。

1. 贫与富

农民的贫富不仅与政策和时代有关，还与农民的年龄有关。2005 年前后，中国农村只要是稍微富裕一点的，一般来说都是有年轻人在外打工的人家，家里没有年轻人的基本就是贫穷人家。贫穷人家所占的比例大约为 86%，但他们的贫穷其实还不是来自正常的生活压力，而是来自于看病、上学、娶媳妇、盖房子的压力，因此贫穷周期与一个人的年龄相伴。18 ~ 35 岁，是进城打工的年龄，村里在这个年龄阶段 98% 的人都出门打工了。过了 35 岁，他们基本上就回到农村了，这时贫穷也就开始了，因为这时小孩要读高中和大学，父母的年龄也慢慢大了，病也多了，在城里赚的钱和银行积蓄也在建房和日常生活等方面消费得所剩无几。一般来说只要建房的，还会向亲戚朋友或银行借一些钱，这样，随着他们年龄的增长开始变得更贫穷了。他们只有等着孩子长大再进城打工，用在城里打工赚来的钱来还父辈欠下的债，才能再次由贫穷走向脱贫甚至富裕。

我们的目的是解决贫穷人的问题，而不是统计贫穷人的数量，因此只有与政府合作才能解决贫穷人的问题。

2. 交流

和农民最好的沟通方式就是提着行李，住在农民家。农民兄弟知道你是城里来的人，自然会把最好吃的给你吃，把最干净的被子给你用。吃完晚饭，你有足够的时间与农民聊天。此时你要记住，你一定要先说说城市的生活，说说城市发生的事，他们会很认真地听，因为他们也很想了解城里的情况并对城市充满了好奇。对他们来说，城里的事都是新鲜的，再说了，中国城市的生活方式的确比农村至少进步 30 年。

第一天你说的事很快就会传到全村的每一个角落，第二天就会有更多的人来听，年轻人也越来越多。从第三天开始你就可以听他们说了，他们也愿意跟你说了，这时他们说的就是自己最真实的想法，也是你最需要的素材。

3. 住

农民的家对城里人来说，最不方便的就是上卫生间，农民不叫它卫生间，叫茅厕。农民习惯把小便解在一个桶里，第二天再拿出去倒掉或当作肥料，房间里的味道也会很大。大便一般都在外面解，而且茅厕有时离家有 10 ~ 20 米。中西部大部分农村目前的生活状态还处在城市 20 世纪五六十年代，东部地区会好一点，相当于20世纪七八十年代。

如果有外来人到家里住，主人家不会把男的和女的安排在一个房间睡，来客即使是夫妻也一样。尤其是未婚男女或恋人，更是不能住在一起，他们认为男、女客人睡在一个房间里“不干净”。

和主人关系不是太熟的客人，住在农民家里千万不要穿短衣短裤。农民比城里人保守，比城里人传统，他们看不得露肚脐和露大腿，尤其是家中有老人和媳妇的更要小心。平时最好不要和村民媳妇开玩笑，不过村民媳妇要是先跟你开玩笑，你就可以放开一点了。如果你和户主的关系已经非常好了，你可以更放松一点。

4. 吃

城里人总说农村的饭菜好吃，那是偶然吃一两餐，只要你在村里住上三天，你就会吃不下、咽不下。因为条件有限，洗澡、洗菜、洗碗都没有城里人讲究，城里人会觉得不卫生、不干净。可农民有他们干净的准则，他们讲的是做人、做事和良心的干净。他们最怕城里人嫌他们脏，所以城里人住农民家，特别记住不能说“难吃”，更不能说“不卫生”和“不干净”，这些都是农民忌讳的词语。

5. 穿

如果你到农村的亲戚家去玩，可能会穿得很正式，年轻人可能还会时髦夸张一点。但如果到农村调研和开展工作，穿着就不要与农民的距离太大，这种距离既不要太远又不要太近。晏阳初当年在河北定县就是脱下留洋的西服和皮鞋，选择了读书时穿的长衫，理由很简单，因为在农民眼里教书的先生才穿长衫，先生是有文化、有知识的人，是为人师表的人，农村人对先生、对文化、对知识是很敬仰的。你穿长衫，他们就会认为你是可以接近的人，并且很想跟你接近。这一点，为孙君、为“绿十字”走进五山提供了很好的参考。

6. 说

说是很重要的一件事，农民与城里人完全不一样，一就是一、二就是二。在村里开会，大家对谁有看法，就会直接说、直接骂，这与城市人又不一样。所以城里人刚到农村的时候很不习惯，什么事要诚实，什么事又不能诚实，很不容易把握。比如饭不好吃，碗柜里还有苍蝇乱飞，你就不能说，那会伤农民自尊；又比如某人有缺点，你如果不好意思说，农民就会觉得你不是一个正直和有血性的人，就会觉得你是一个软弱的人，就会从心里看不起你，你很快会失去很多朋友。

在农村你最好能迅速学会几句当地的方言，甚至学会几句农民骂人的俗语。你不会喝酒不要紧，但要记住，不喝就一口都别喝，万一哪天你忍不住喝了一口，那就惨了，那你可就得罪了一大堆人，这一点千万要记住。还有一种方法就是要尽快在村里找到一个能信任你的人，这个人就会帮你说好话，就会省很多时间，而且这个人最好是村干部，因为村干部在村里有绝对的权威。

7. 问

我们到农村，首先是一个学生，不论有多高的学问、多深的知识，在农民面前依旧是个学生。孙君自认为做得比较好，因为他经常问农民大哥、大娘，玉米为什么裹了那么多层皮虫子还能爬进去，竹子能长多粗，水稻田里怎么没有青蛙，现在村里的小孩肚子里怎么不长虫了……农民见城市里来的专家教授都向他们请教，就大大增长了自信。如果你再叫他们一声“师傅”或“老师”，他们会惊奇得不得了，并且很快就有很多人向你传授你想知道的知识。

8. 钱

“钱”这个字在城市是说得最多的，说什么、做什么都是“钱钱钱”，没钱就什么都不要谈、不要提。而在农村恰恰是说得最少的一个字，所以我们到农村要少说“钱”而多说“情”和“诚信”，这比钱重要。刚到五山工作的时候，孙君做的第一件事就是把村里从 1949 年开始参加工作的和现在还在岗的村干部集中在一起互相交流感情，利用“老人”在五山堰河村的诚信，以及他们对党的忠诚和村民对他们的信任启动了“五山模式”，这也是“绿十字”的“五山模式”能够成功的根本。“绿十字”团队三年来没有带一分钱到五山，只带去了“情”与“真诚”，同样也得到了五山人的理解和尊敬。

9. 打与吵

在农村很多问题不是讲出来，而是打出来、吵出来、骂出来的。在农村，法制建设还不成熟，对于很多问题与其通过法律手段还不如农民自己面对面解决得好。孙君说，他经常看到农民打架，肯定是不会去拉的，因为知道他们打好了问题自然就解决了，否则今天拉开了明天他们还会再打、再吵，而且会更厉害。农民之间的打与吵如同家庭中兄弟姐妹闹矛盾，最后一定由“父母”（村干部）来解决。

10. 声音

因为农民在空旷的田野中生活和生产，而且在家里还有猪狗鸡鸭的叫声，说话声音小了别人听不见，所以农民说话就像喊一样。城里就不一样，城里人一般在室内交流，声音不需要太大，太大声会影响别人。其实，中国城里人说话的嗓门还是算大的了。所以，孙君常说，中国人骨子里还是农民意识和农民做法。

11. 握手

人与人之间的交往，只要一伸手就知道对方的身份。农民的手，粗糙、感觉很硬，与农民握手像握着一个菠萝。农民与我们握手时会显得很犹豫，手是往后缩不是往前伸，手握得不紧，他们一般用两只手握你一只手，身体总是向前倾斜，似乎在握与不握之间。相反地，与乡镇干部握手感觉又不一样，他们嘴里会不停地说“谢谢领导、谢谢专家来指导我们工作”，手握得比较紧，很快就松手。

通常，与农民握手要迅速，不要迟疑，要握得紧一点，因为此时农民是犹豫的。农民手上常常有土、水、污物，有永远洗不掉的、岁月留下的类似污物的肤色，可是他们的笑容又是那么阳光、那么真实，他们的眼神中会透出珍珠般的纯洁。孙君说：“我相信农民也会感觉到我对他们的那份真。”

12. 法律

城市是以一个个的社区、一个个的单位构建的框架。城里人太多了，人与人互相不认识，所以需要法律和契约。农村法制不健全，农村只是一个熟人社会、人情社会，十里八乡的人互相都认识，人与人的关系就靠“熟人”的概念来维系着，并形成了农村社会的契约，而这种契约甚至不用公章和签字，只是一句话。所以农村的村干部常依据一句话来解决是非。

村干部在农村很像家庭中的母亲，没有该与不该，只有合不合情。中国农民天生就讲究平均，比如在农村有一种方法叫“拈阄”，这种方法在城里就不适用了。农民们喜欢有情、有义、有本事而且真诚的人，他们做人的原则和交朋友的原则比城里人简单，也更原始，这一点城市与乡村的价值观相差甚远。

13. 园林

城市的景观称园，乡村的景观称田园。园是供人游玩的，田园是农民生活和生产的空间；园是公共场所，田园是个人空间。现在做的新农村建设规划如果是以园林的形式来为乡村做设计，是很不实用的，管理不方便，而且维护成本高，农民对其破坏较大。

14. 城乡差别

城里人对乡村的理解是有限的，农村与城市的区别主要有以下方面：

首先，农民的生活与生产是不分离的，他们可以一边做饭一边在菜地里干活。而城市就完全不一样了，家就是家，工厂就是工厂，只要回到家了，就不会管工厂的事。

其次，城市只要有水、电、厂房和人，就可以 24 小时生产；可是农村的生产有季节性，过了秋季就基本上不生产了。

第三，城市靠法律和警察来维护社会治安，而农村有时是靠人与人的关系来维护村庄的和谐。

第四，城市人的生活资料是需要到市场去购买的，一天没有钱就活不了；而农民没有钱也没有问题，从某个角度说，他们不需要市场，只要有地就可以活着。

最后，城市越是文明，其中的脆弱性就越强；农村是以自然的生态系统维系着农民的生存，有大自然的恩赐。

从 2004 年起，中央多次发布以“三农”为主题的文件，强调了乡村问题在中国的社会主义现代化时期“重中之重”的地位。建设社会主义新农村，就需要农民与专家学者一起，自立、自强，消除农民自身的贫穷与愚昧，有了农业的保障、农民的积极参与，中国农村才会更像农村，中国农民才会欢天喜地。

四、乡建，请放慢脚步

从起初进入乡村到今天，“绿十字”一直是新农村建设工作的实践者、项目的推动者，同时也是感叹者。感叹的原因是，如果按照有些地方的方法与路径来进行新农村建设，速度越快、投入越大，收效会越小，有的地方还会产生一定的负面问题。

目前，我国的新农村建设取得了很大的成就，受到了广大农民的欢迎。但同时也留下了很多遗憾，应该引起足够的重视。大家需要明白，新农村建设不是三五年就能完成的事，而是需要30年甚至50年的时间。在这样漫长的过程中，起步就应该慎重从事，很多问题也不能回避。总结前一时期新农村建设中的问题，主要表现在两个方面：

首先是缺乏对农民、农村的真正了解。

在不了解农民的前提下，为农民做事、为农民当家，效果可想而知。每个乡村是一个家庭，家庭里一下子换了家长，只是因为家长带着钱，恐怕也不行。有人就想不通，觉得今天的城市不就是“有钱便是娘”吗？但是，在农村，一定是“亲妈才是妈”，钱不好使。只有真正了解农村的风俗文化、地域特色，才可能找到新农村建设的有效途径。

其次是把新农村建设当成一次新的尝试。

中央的政策是好的，也是及时的，但是到下面也许就会出问题。新农村建设不是短期的，而是一项长期的工作，要历时30年甚至50年，这个时间的设定是科学的。一个试点村的建设需要3年，普及到镇又需要3年，整个镇还原到生态农业又需要3年，这就是9年。而现在有些基层政府却希望用3～5年完成。于是就出现了把农村当成花园来建，把村庄当成都市里的豪华社区来建，甚至市县主要领导包点包村，集全县全市力量，少到几百万元，多到上千万元来扶持一个典型村，然后媒体集中报道，城里人感觉新农村建设搞好了，农民过上好日子了……应该看到，有些地方的新农村建设对中国乡村文化、历史、生态、建筑等，又是一次雪上加霜的破坏。也许今天我们还没有看到问题的严重性，再过几年就会很清楚。

正因为如此，孙君多次建言，提出要“做有准备的新农村建设”，以避免历史遗留问题没有解决，新的问题又开始出现。而更加重要的是，新农村建设中的可操作性的人才，新农村建设的教员，新农村建设的规划，文化、历史与新农村建设的关系，规划与乡村民俗对接等，特别是村干部和乡镇干部观念更新的问题都需要得到足够重视并加以解决。孙君说，在这些问题没有解决之前，新农村建设不宜过快。

第三章 “绿十字”乡建实践四要素

“绿十字”多年的乡村建设实践历程，不仅是一个体验农村、研究农村和改变农村的过程，也是一个探索新农村建设的目标、路径与方法——“新农村建设道路的入口”的过程。

一、乡建的目标——重建生态，培养民力

当代中国农村的问题，不仅是农村发展相对滞后、农民生活质量相对低下的问题，还是农村环境恶化、农民意识分化的问题。前者已为大众所重视，成为新农村建设所要解决的重要问题，而后者为“绿十字”更加关注。“绿十字”开展乡村实践的目标就是重建农村生态环境，培养农民的自治修复能力。

（一）重建生态——把农村建设得更像农村

所谓“重建生态”是指重建体现农村固有属性的生态环境，树立“新的生态伦理观”，即“把农村建设得更像农村”。这里的生态，不是狭义的、简单的农村自然生态环境，而是广义的、多角度的农村生态，既包括农村的自然生态环境，也包括农村的政治、经济、文化、教育等社会生态环境，即自然的物质生态环境（自然生态）和人文的社会生态环境（人文生态）两个方面。

“绿十字”之所以把“重建生态”即“把农村建设得更像农村”作为其乡村建设实践的目标，正是因为认识到“目前，中国的农村在生存环境、生活环

境、生产环境方面都面临着巨大的发展压力；目前农村的教育、医疗、卫生、社会保障、法律意识等方面也不同程度地遇到了各种困难；水土流失、土地锐减、农产品销售不畅、自然植被及森林被大量砍伐，生态系统逐步恶化，生态容量剧减，农村富余劳动力近亿……所有这一切都说明，中国农村的发展环境和前景均不容乐观”。中国城市生态被破坏了，农村是最后的一块圣地，农村如果没有了生态，中国可能就是一片沙漠。所以，在新农村建设中，必须把“重建生态”——建立生态的、文化的新农村作为一个重要的目标纳入新农村建设的实践过程中。

1. 农村生态系统遭到破坏，生态环境不断恶化

生态系统（Ecosystem）是指由生态群落和无机物环境构成的统一整体。其中，生物圈是最大的生态系统，人类则主要生活在以城市和农田为主体的人工生态系统之中。在中国，每年产生约 1.2 亿吨的农村生活垃圾大多露天堆放，每年产生超过 2500 万吨的农村生活污水几乎全部直排，使农村聚居点周围的环境严重恶化。根据 2010 年的第一次全国污染源普查显示，农村的污染排放中化学需氧量占 43%，总氮占 57%，总磷占 67%。我国农村的污染排放，与城市相对而言，已经占到了全国的“半壁江山”。

所以，面对这种日益严重的农村生态环境问题，“绿十字”提出“让垃圾不出村、让污水不入河”“河里有鱼、树上有鸟、地上有虫”的口号，并将修复农村生态环境作为其乡村实践的重要目标之一纳入“绿十字”全部的乡村实践过程中。把复杂问题简单化，把理论问题平民化，只有让农民听懂、感觉自己能做到，并对自己有好处，复杂的环境问题才能被简单地解决。

2. 农村资源屡遭掠夺，农民生存环境举步维艰

中国作为发展中国家，长期以来，乡村不仅为中国的工业化、城镇化的发展做出了农业的产品贡献（食品和原材料）、资本贡献（土地、资金和农业剩余）、市场贡献，还做出了乡村的劳动力贡献（健康的劳动力和知识劳动者），使“农村的优质资源单向道流向城市”。正如中央财经领导小组办公室副主任、中央农村工作领导小组办公室主任陈锡文先生所言，“低成本的城镇化推进不可持续，它会使经济问题演变为社会问题。我国的快速城镇化与低成本推进有直接关系，包括低地价、低工资和大量污染排放的低成本治理。”所以“应该客观理性地分析我国的城镇化。城镇化对绝大多数的城市居民来说，已经是一种改善的生活状态，住房在改善，环境在改善。但是对农民来说，以往的城镇

化是土地被拿走了，房子被拆掉了，进城后还没有应有的权益”。对于中国工业化、城镇化过程中造成的农村资源流失对新时期乡村建设——新农村建设的影响，中国著名的“三农问题”专家温铁军先生曾做过精辟的分析：“当前新农村建设面临的突出问题是土地、资本、劳动力三要素流失，因此当前新农村建设急需解决农村三要素流出问题。”他认为，“30 年前农村改革带来 20 世纪 80 年代农业农村经济十年的黄金增长，重要的原因是农业土地、资本、劳动力三要素留在农村内部，由农民自主地把三要素变成农村工业化和农村城镇化的发展资源，并占有了随工业化和城镇化而来的资源资本化发展进程中的增值收益。因此出现了农民收入增长速度快于国民经济发展速度的情况，扩大了农村内需”。然而，“20 世纪 90 年代以后，农业三要素流失严重，到了 21 世纪，尽管强调三农问题是重中之重，但三要素继续大幅度净流失，土地被大规模占用，农村劳动力外流，资金也在银行商业化改革中被大量从农村抽走，三农问题愈演愈烈”。

所以，“绿十字”的工作定位都比较现实，认为要解决“三农问题”，必须改变现行的国家政策导向，在确保国家规定的耕地面积“红线”的同时，促使土地、资本、劳动力和文化等优质资源在城乡的双向有序流动。因为“村庄、农民、动物（家禽）、土地四者之间形成了完整的农村元素，这四者分离后就不是农村，特别是农民，如果没有土地那就不再能称为农民……四者间这种特殊的依存关系，这些生机勃勃的村组散布在不规则的大片的农田之中，村组附于土地和自然，生存于四季之中，活在天和地之间，只有这样做，农民才知道可以生存下来”。

3. 东西方文化碰撞，使农村传统文明日趋式微

从 20 世纪七八十年代开始的中国改革在带来先进的生产、管理技术、现代的发展理念的同时，也带来了西方的文化思潮。面对西方文化冲击多少显得有些束手无策。尤其是中国的广大农村，传统文明日渐式微。正如孙君所言，应该看到，有些地方的新农村建设对中国乡村文化、历史、生态、建筑以及乡村自治等又是一次雪上加霜的破坏。今天我们还没有看到问题的严重性，再过几年就会很清楚的。

当然，这里所说的“文明”，更多的是精神（意识）的文明，是包括政治的、思想的、文化的、艺术的总和。如孙君所言，我们可以看到生态环境与当地文化的相互作用关系，它们相互影响，互相促进。这种互动的关系在“五山模式”

项目的实施过程中通过行为人（项目设计者、当地领导、当地农民）的行为得以充分体现。“五山模式”项目改善了当地的生态环境，建构了当地新型的生态文化观念，并在这种观念的指导作用下，促进了当地经济的发展和农民生活水平的提高。他认为，历史上许多文明的消失都与人类的生态适应不良有关。如果我们要试图摆脱由于生态危机而出现的人类发展阴影，就要以新的生态观念为指导，建构适应社会与环境可持续发展的新型生态文化。因此我们应该反思自己现存的文化，用生活方式与生产方式创建新的生态文明，构建和谐的多元社会。

正是基于上述的原因，2003 年“绿十字”在襄樊谷城县五山镇开展乡村建设实践时，确定了“以改善农村生活环境为切入点的方案，在农村实施垃圾分类”的思路，并希望以此为契机“调动农民的积极性，让生活环境的改善带来直观的环境效益，从而进一步推广生态农业，恢复土壤河流的自净能力，封山育林，生态与生活同时得到改善，建设真正的田园乡村”，从而形成了具有“绿十字”自身特色的“五山模式”，即面对当地因长期掠夺性的生产生活方式导致生态环境恶化的现状，“旨在为农村的发展寻找一条切实可行的道路，用较低的经济成本，从环境、生命的关怀开始，把文明融入日常生活中，探寻循环、可持续发展的生态农业之路”。这是一种“把环保的理念和科学的方法融入村民的衣食住行当中，让每一个老百姓都能参与到家乡的建设与发展中来，实现每个人的价值，使建设社会主义新农村的重大历史任务落实到操作层面”的新示范。正如清华大学的解安教授所言，“五山模式”的价值在于“以农民精神为价值体系，以公众参与为动力的可持续的新农村建设”。

“五山模式”是“绿十字”重建生态——“把农村建设得更像农村”理念在实践中的成果。所谓“把农村建设得更像农村”，就是要“构建乡村价值体系，重树城乡市场定位”；是“让农民生活更方便，让农村小区更和谐”；是建设一个“新村与旧村并存，城市文明与乡村文化共融，绿色与产业相结合”的农村，即“在生活、生产、行为、环境、社会性上突出乡村的特点”，只有这样，“农村才具备了它特有的市场价值，才具有了新农村建设的价值”。“绿十字”提出，“‘把农村建设得更像农村’是一个很适合中国农村发展的阶段性理念，也是两种文化和文明差距的市场价值所在”，从而“实现‘树上有鸟、地上有虫、鱼塘有鱼’的农村自然风光，也达到村民自治、村容整洁的面貌”。

（二）培养民力——“新干部、新农民”

所谓民力，指农民的生产、生活和自治的能力，包括文化素养（知识力）、生存技能（生产力）、体魄健康（健强力）和公民道德（团结力）等方面的能力。这里的农民，既包括在农村从事第一产业的农民，也包括在农村从事脑力劳动的农村知识分子（教师、医生）、进城农民工和村（组）干部。在“绿十字”看来，在新农村建设中，“难点在政府，盲点在农民”，由此把“教育农民”、培养“新干部、新农民”作为“新农村建设的根本”，并将其作为另一个重要的行为目标纳入“绿十字”的整个乡村建设实践过程之中。

1. 引导农民

把开展对农民的教育作为乡村建设的一个重要内容，最早可以追溯到20世纪二三十年代的乡村建设运动。在这一时期，以梁漱溟、晏阳初为代表的乡村建设派，从一开始把教育农民、提升农民文化知识水平作为乡村建设的第一要务，并将其贯穿于他们乡村建设运动的始终。同样地，今天的新农村建设不仅要强调农村公共基础设施建设，也需要通过开展农民教育来培养和造就新型农民，其原因在于：农民收入水平提高、城乡收入差距缩小的前提，是农村劳动力不断地转移到非农产业就业，而只有具有现代意识和职业技能的劳动力才能适应城市生活和工作的要求，只有高素质的农民才能适应总人口增加和收入水平提高对农产品的量和质不断提高的需求。

所以，“绿十字”认为“在农村做工作首先遇到的是观念和文化、现实和文明之间的差距”，教育农民、提升农民的文化素质，从“生存能力、发展能力、环境能力和教育能力这四大能力入手”培养民力，造就有文化、有知识的现代新农民显得十分重要，也十分紧迫。正如孙君所言，我们在农村做项目也是扶贫。扶贫有两种，一种是资金的帮扶，另一种是观念和理念的扶贫，我们选择后者。

“绿十字”引导农民的实践主要从两个方面入手：

（1）更新文化知识，培养具有现代化意识的新农民。农民既是乡村建设的主要受益者，也是“新农村建设的主体”和重要的参与者，是所有要素中居第一位的、不可或缺的。在新农村建设中，没有新农民就没有新农村。因此，“改造村民的行为，重建村民的精神和心灵，用艺术、文化、传统和实用的综合元素去画一幅中国农村的新文化、新面貌、新生活，这是近8亿中国农民渴望的生活”。亦如国务院参事任玉岭研究员所言，没有农民的现代化，就不会有中国的现代化。

（2）开展公民意识教育，修复乡村道德的缺失。“绿十字”认为，“淳朴、善良、诚实的中国农民，随着这场经济市场化的改革，获得了富裕，摆脱了贫穷，同时也丢失了一种似乎用金钱永远不能购买的文明，这种文明是用五千年的时间和过程培育酿造的”。所以，教育是未来新的“三农问题”，未来城市与农村的问题，不是现在显现的，而是20年后。20年之后中国农村可能有钱了，可能幸福了，可因教育的滞后，农村的科技、文明、文化必定会阻止农村奔向小康，孙君所说的小康不只是有钱、有房子和有电脑，而是有文化、有品质、有理想和信仰、环境优美的村落。所以，“绿十字”在乡村中不仅仅是为了做项目，关键是为了帮助更多的贫困人群。

2. 培养新干部

中国是一个受儒家传统思想影响数千年的国家，官吏（即现在所说的干部）在中国社会发展中一直占有举足轻重的地位，所谓“治国就是治吏”。对于这一点，毛泽东同志在《中国共产党在民族革命中的地位》一文中更加明确地指出，中国共产党如果“没有多数才德兼备的领导干部，是不能完成其历史任务的”，并提出了“政治路线确定之后，干部就是决定因素”的著名论断，并把“有计划地培养大批新干部”定为当时“我们的战斗任务”。毛泽东同志的这一观点对当今的新农村建设也有现实的指导意义。

对于在新农村建设中培养新干部的紧迫性和重要性，一方面，“绿十字”在其开展的乡村实践中一直倡导“开启民智，双向扶贫”这一理念，即“对农民是财力的扶贫，对干部是观念的扶贫”，并把“提高干部素质、加深对新农村建设内涵的理解，作为新农村建设中最重要的工作之一”。另一方面，“绿十字”又认为，农村干部因为水平与文化所限，村干部能力强的不多，他们又非常想为村民做事，所以要抓住这种心态，对村干部进行可操作性的培训，提高这些村干部的能力，这样才能激活农民内在的活力。为此，新农村建设必须从改变干部的观念、提高村干部的工作水平入手，从而让他们明确新农村建设的方法，具备看懂“操作性规划”的能力；同时，注意方法和顺序，依据乡镇—村干部—村民三个层面，从乡镇干部开始，把他们的思想解放了，农民教育的问题就解决了。

二、乡建的方法——调查、培训、合作和复制

客观地讲，成功的实践活动不仅需要完整的理论支撑，也要有科学的方法作为实践工具。在近二十年乡村建设实践的过程中，“绿十字”非常注重实践经验的总结和实践方法的探索，由此形成了一套较为完整的乡村建设方法——调查、培训、合作和复制。所谓调查，就是通过走进乡村，深入调查，了解乡村，熟悉农民；培训，就是通过观念更新，技能培训，开启民智，提升民力，让农民懂得做人的道理，学会生存的技能；合作，通过农民、政府和非政府机构之间三方合作，凝聚共识（理念与规划），形成新农村建设的合力；复制，就是将成熟案例的理念、经验和方法通过系统化的总结推广至后来的乡村建设过程中，以求模式覆盖面的最大化和模式扩展的可持续性。在这些方法中，调查是基础，它决定乡村建设的发展方向和终极目标；培训是关键，它决定农民在乡村建设中信心的恢复和参与的程度；合作是重点，它决定乡村建设规模的大小和乡村建设实践的实际成效；复制是保证，它决定人们对“绿十字”乡村建设实践理论与方法的认知程度和其产生的影响力，以及未来发展的可持续性问题。

（一）走进乡村、开启民智，参与者观念的转变与方式的创新

“绿十字”认为，正确的乡村方案（规划）和实践结果首先是来自倡导者深入实际的调查与研究，和对事物本原的正确观察与了解，否则就会导致实践行为出现偏差，实践的结果偏离预期。所以，深入乡村调查，了解乡村、了解农民是参与新农村建设的一个有效途径。

1.了解乡村现状、了解农民，重视“乡村圈文化”

所谓“乡村圈文化”，就是以姓氏和血缘为同心圆的乡村文化。孙君认为，“农民的生存是以姓氏和血缘为群落，我们把这个关系称为圈。就像我们今天在乡村还能看到宗祠和家谱，有的地方（云南、广西、贵州、西藏和青海等）还有不少母系社会的遗迹。村民在生产关系中，人与人的交往也基本是在这个圈内活动。这个圈因为是熟人社会，所以自然会出现以道德和诚实为核心的价值体系，村民的行为举止逐步演义成圈内约定俗成的村规民约，也称为乡土文化。一圈一个村（组），而村与村、家与家、人与人都会形成不同的圈，每一个圈外出现的水波与水波会发生碰撞，这种水波之间的汇合就形成了东方文明，最终形成了一种今天连城市人也在说的‘圈子’”。在这个“圈子”中，“先是以直系亲属为第一圈，家族和亲戚关系为第二圈，熟人与工作关系才为第三圈。

湖南省郴州市汝城县祠堂

第三圈以外的人对农民来说就是‘外人’，就是不信任的人群。这些一圈一圈的关系，我们称为乡村圈文化，而这些圈与圈的交融和撞击就是一个完整的乡村社会”。乡村圈文化的特点是有温度的社会，这是对城市文明而言，温度也是东方文明中最值得骄傲的文明。

“乡村圈文化”的概念，基于中国的乡村植根于中国传统文化内涵，源于中国乡村社会是一个以伦理为基础的乡村社会。在这里，伦理思想既是实现乡村社会长治久安的长效机制，也是传统中国农民日常生活中共同遵守的普适价值观念，将自然、社会和人井然有序地安排在一个宏大的框架之内，使各个方面都各得其所。在这种复杂的乡村社会结构中，盘根错节的人际关系存在为传统伦理思想在当代中国乡村的充分表演创造了舞台，人情、面子既成了调节人际关系的重要阀门，又在一定程度上掩盖了利益关系的真实面目。

孙君曾说：“我把‘绿十字’这些年的工作比作一棵大树，前 10 年我们做的是基础性工作，做的是‘根部’的事。这里的根指的是文化与历史，没有文化与历史的乡村工作是不能生长的。树根在土壤里看不见，可是却是生命的源泉。”尤其是乡村规划和乡村的文化和历史，“这些是共性的重要特点，也是差异性中的重要生产力。规划与文化定位越准确，未来的凝聚力也就越强，公众的参与性也就越强”。

2. 植根社会、深入调查，实现倡导者身份的转化

乡村建设的组织者、倡导者要建设乡村，先是要了解乡村；要了解乡村，先要了解乡村里的农民，包括启迪乡村的百姓，同时实现乡村建设运动倡导者自身身份的转化——由城里人、学者和旁观者变成乡下人、实践者和亲历者，这是“绿十字”乡村建设实践中最突出的经验与方法之一。只有这样，建设规划（实践方案）才能贴近乡村，才能为农民所接受，并使农民真正融入乡村建设实践中。“绿十字”认为，要真正实现倡导者身份的转变，必须从以下几个方面下功夫。

（1）了解乡村的文化和历史。每个乡村都有自己不同的文化特色和历史渊源，不同的文化和历史背景在很大程度上决定了它的生态环境与地理特性，而这些又塑造出特殊的文化与民俗，进而形成这一地域人们的独特生活习惯和行为方式。正如孙君所言，我们的工作不仅仅是做乡村的事，我们还需要来自乡村建设中的各类信息、数据，包括生活健康状况、经济收入和支出情况、文化信仰、教育状况、红白喜事的支出与收入数目，以及村民出去打工者的年龄与贫富的关系、村民的姓氏与血缘关系、打工人群回乡后的心态变化等。对于村民矛盾，要搞清多少事是村干部协调解决的，多少事是自己或政府解决的，多少矛盾是自然消解的，特别是对上访人群的了解与调查等。这些工作极为复杂，可是又是乡村建设中的重要现实问题。

（2）熟悉农民的语言和交往方式。不同的群体因文明程度的差异性和所受到的教育不同，其语言习惯和交往方式也存在很大的差异，人们常说入乡随乡。乡村有乡村的语言，农民有农民的生活，城市和乡村两种完全不同的生存状态决定了两种不同的思维方式，或者说两种不同的沟通方式。比如，乡村工作有一大部分时间是花在“吃喝”上，花在与农民和村干部的聊天上，这是中国农村特殊的生活方式，是拉近与农民距离的一种方式。乡村实践者在乡村的基础性工作就是学会如何与农村和政府打交道，怎样帮助政府做一个前瞻性的项目规划并具有一定的操作性，怎样用贴近农民的语言习惯和生活习性的方式与其进行沟通和交流。

（3）虚心向农民请教。在农村调查中，如果“没有眼睛向下看的决心，是一辈子也不会真正懂得中国的事情的”。孙君提到，“每次来到了乡村都会对乡村有一种敬意，正是有了这个真诚真实真心，农民兄弟开始教我重新认识世界，重新找到我孙君的价值所在”，并把虚心向农民请教、拜农民为师作为一个重要的工作方法贯穿其乡村建设过程中。“我们到农村，首先就是个学生，不论我们有多高的学问、多深的知识，在农民面前依旧是个学生。”所以，“我们要看清自己，要知道我们是谁，我们就是农民的后代，这一点千真万确。今天城市人的行为和举止依然还是能让人感受到浓烈的乡村气息，这种气息就是我们典型的东方文化，带有很明显的中国人的处世哲学”。

（4）努力使自己成为农民中的一分子。要做到这一点，就必须深入农民的家中、深入农民的田间地头，与农民同吃、同住、同劳动。而要成为农民中一分子的最好办法，就是“提着行李住在农民家”。

3. 走进乡村，开启民智，实现农民观念的转变

“建设不光是钱的问题，关键是观念转变的问题，干部群众的心要凝聚到一起，才能发展。”知识需要漫长的积累，而观念转变是瞬间的事情，乡镇干部与村干部是乡建工作的继承人，他们观念的转变尤为重要。

首先，观念改变人们的命运。在人们的实践活动中，人们会根据自身形成的观念展开各种活动，如对事物进行决策、计划、实践、总结等活动。所以，从某种程度上讲，观念的影响超过金钱的作用，甚至超过一个人的行为能力。在乡村建设实践中，参与者的观念（理念）是确定一个地方的乡村建设的思维和模式的基础，是实施长期的乡村建设实践的发展战略的灵魂。孙君在总结碓臼石村乡村实践的经验得失时曾提到：“我们在做项目的过程中，对农民素质的培养做得不够，没有把他们的观念和不良的生活习惯从根本上改变过来。”

孙君说，“‘五山模式’就是从垃圾分类入手，从小事做起、从身边做起，通过转变观念、修复环境，建立一种以自然为中心的生物圈，来谋求人与自然的和谐。”所以，“绿十字”的乡村建设实践中，真正的扶贫是解决人的观念和思想，让他们自己行动起来而不是以弱势的心态等待帮助和给予，同情心不能解决社会问题，感性思维更有危于社会工作。这也是一个不断地修正农民旧有的、不适宜的传统观念的过程，是一个如何与现代文明科学对接的过程。

其次，小富即安、不思进取的小农经济意识依然是当下农民观念中的主流，在行为上则表现为自私、愚昧、怯懦、散漫、保守和封闭，成为阻碍现代农业经济发展和新农村建设的巨大阻力。

造成这种现象的原因有以下几个方面。一方面是由于农村人口整体素质偏低，受教育年限少，发展能力弱。有关统计资料显示，目前在全国农村家庭人

口和劳动力构成中，依然是以初中以下文化程度的人员为主，这种受教育程度决定了人口的整体素质状况比较低。另一方面，受居住地域和生产环境的影响，农村人口的思维具有传统、保守、封闭的特点，对现代化发展要求和新生事物，缺少了解、理解和认同，甚至在一定程度上对现代生活排斥、怀疑。还有一个原因就是，农村的改革开放解除了农民对村社集体的人身依附，使习惯于行政命令下生存的广大中国农民一时显得手足失措而无法适应，而新的规范秩序尚未完全建立，使得“农民意识”重新找到适合的土壤而再次沉渣泛起，造成农村人心的散漫和公共意识的缺失。“绿十字”在其乡村建设实践中深切体会到，“在农村做工作首先遇到的问题就是观念和文化、现实和文明之间的差距”。

第三，改变观念要从教育入手，包括农民智慧的启迪和农民观念的转变两个方面。正如孙君所言，我们现在要做的只是如何帮助农民开启他们的智慧，规划未来新农村建设的目标，以可持续发展的眼光来建设新农村。

对于农民素质教育的重要性问题，“绿十字”认为中国农民当今的发展，最大的障碍是素质障碍和能力障碍。解决这个问题的最直接有效的方法就是教育，通过改变观念、改变思想、改善环境来谋求经济的可持续发展。同时，对于知识能改变目前相对低下的生活品质、观念能改变相对贫穷的命运的道理，农民并非全然不清楚，只是自身的条件所限，而外界的力量又显得十分脆弱和有限。因此，在现实生活中，除了物质（包括资金）的帮助，农民更需要科学理论和实用方法的指引。

“绿十字”的乡村建设实践，善于从小处着手，以改变不恰当生活方式和消费方式、开展绿色生活为主要内容，通过多方配合，采取多种形式，开展旨在培养公众环保意识、组织引导公众参与的宣传教育活动；提出了“知情、明理、参与、得利”的原则，即第一步是要让他们知情，只有知情才能明理，只有明理才能参与，只有参与农民才有希望。而在形式上，采取不同的人有不同的形式，儿童需要兴趣，少年需要引导，成人需要道理，农民需要温饱，工人需要岗位，商人需要资金，党员需要初心，社会需要持续。所以“绿十字”每做一件事都是一次对农民的教育，他们在观念上认可的是城市模式，而“绿十字”推行的是田园式的现代化乡村。

4. 贴近民意、淡化功利，实现干部思维方式的转变

乡村干部作为乡村里的精英分子、联系国家与农民的桥梁和乡村发展方向的引导者，他们的行为意识和思维方式不仅决定着国家在农村发展上的政策、

方针是否走样，而且在某种程度上也直接决定着乡村发展的走向和农民富裕的程度。因此，改变乡村干部的行为意识和思维方式，让乡村干部在新农村建设中贴近民意、淡薄功利，强化民本思想、淡化官本意识，是实现新农村建设目标的根本途径之一。

第一，乡村干部的功利化心态是阻碍新农村建设有效开展的一个重要因素。在当今的时代背景下，在一些相关的改革配套措施尚未完善的大环境中，功利化不仅侵蚀急功近利者的心灵，也深深影响了乡村干部的正常心态，自我、唯利和避祸，这使得他们的办事宗旨和行事风格远离了农村和农民。同样因为这种急功近利的心态，使得一些地方的新农村建设中，屡屡出现所谓的“政绩工程”“领导工程”和“明星工程”，华而不实、劳民伤财等现象，不仅影响到新农村建设的有效开展，而且还影响了国家政策的声誉和党在农民心中的形象，成为新农村建设中主要人为阻碍因素之一。

第二，新农村建设必须从干部思想观念更新开始。“绿十字”认为，农村缺的是实干的人、有理想的人、有文化的人、有奉献的人……思想不解放，观念不更新，工作不主动，即使中央有再大的支持、再好的政策也没有用。所以，新农村建设一定要从政府入门，从干部思想观念更新开始。这样做的目的是要提高村干部的工作水平，让他们明确新农村建设的方法，看懂具备操作性的规划，以应对当前一些地方政府部门“老方法不管用，现在的办法不好用，新的方法不会用”的状态，其实这也是对干部进行的另一种观念和思想的扶贫。

第三，转变干部观念是新农村建设的根本。乡村干部在农民中的特殊性地位，决定了乡村干部在乡村建设中的价值和影响力，决定了乡村建设的方向和农民在乡村建设中的命运。乡村建设是一个系统工程，乡村建设的组织者、实践者和参与者既要有政治家的头脑，也要有工程和艺术家的技能。但是，由于在新农村建设的总体把握上，如建筑、规划、审美、生态、社会学和农业学等部分专业知识的缺乏，乡村干部没有这方面的知识，新农村建设就很难有深度。所以，新农村建设一定是从政府入门，从干部思想观念更新开始。

（二）倡导环保、还原艺术，实现乡村环境的改造与改良

在“绿十字”的乡村建设实践中，注重从环境和艺术的角度，通过倡导乡村环保、还原乡村艺术的方式，开展乡村生态建设和文化建设，把农村建设成为生态的、文化的新农村。这既是“绿十字”的乡村建设目标，也是重要手段和方法。正如孙君所言，改良土壤（即倡导环保）和建筑梦想（即还原艺术）

是他在五山所做工作中最有价值的东西。

1. 倡导环保，改善乡村人居生产生态环境，建立生态的新农村

乡村建设有多种切入的途径，“绿十字”定位于从环境保护入手，从垃圾分类开始，来改变农村人居生活环境，建立生态型新农村，即指农村的发展将从单一的追求经济增长的传统农村经济发展方式向追求经济发展与实现自然生态系统的和谐转型，逐步实现人与自然生态系统的和谐，最终实现人与人之间和谐发展的新农村。

第一，倡导环保势在必行，刻不容缓。正是看到了农村环境问题给农村持续发展、农民生活品质不断提升所带来的危机和影响，“绿十字”把改善农村生态环境、建立生态型新农村作为其乡村建设实践的目标和方向，把倡导环境保护作为实现这一目标和方向的重要手段。同时，倡导农村环保也是经济而易被农民接受乡村建设的方法，如孙君所言，在农村只要干净，生态环境好，这些地方就是将来的投资热土……贫穷与野蛮、落后与保守，这些是紧密相连的。这样的地方怎么会有发展，怎么会有人来投资呢？所以，在乡村建设实践中首先要使农民行动起来，改变村庄的环境卫生，提高生活质量，才能提高生产力，使人民增收。

第二，倡导环保的目的在于组织引导农民参与环境保护的行动。一个乡村的环境状况在某种程度上决定了其未来与方向，乡村建设不仅是要解决乡村目前发展上的困境，而重要的是为乡村的未来谋取一片天地、一个发展的空间。倡导环保就是要组织和引导农民摒弃过去那种单纯的经济增长观，树立可持续发展观，坚持走既满足当代人需要，又不削弱子孙后代满足其需要的能力的发展道路，正确处理经济与人口、资源、环境的关系，达到经济、社会和生态的协调发展。

判断一个区域或地方（如乡村）的环境状况——“生态适宜度”，则必须评估这个区域或地方（如乡村）的“环境容量”和“环境承载力”等生态指标。所谓“环境容量”（Environment Capacity）是在人类生存和自然生态系统不致受害的前提下，某一环境所能容纳污染物的最大负荷量。其实，中国的先民们很早就有了保护环境的意识，即中国人历来讲求的“天人合一”，是指“天地以生物为心，人以天地生物之心为心”，强调人与自然是有机整体不可分离，是自然界的一部分。这是中国先民崇尚自然的最高境界，这也是对生态平衡的一种朴素的认识，与“绿十字”所倡导的环保主义教育可谓异曲同工。

2. 还原艺术，重建乡村社会生活系统，建立文化的新农村

在新农村建设中，要想让农民享受到改革开放的好处，仅仅从发展农业经济入手并不能完全解决根本性的问题，而要从提高包括经济收入在内，但远不止经济收入的广泛福利建设着手，即重建乡村社会生活系统，建立文化的新农村，用人文的观点和艺术的元素，打造生态乡村、美丽乡村、和谐乡村，既是“绿十字”开展乡村建设实践——生态的、文化的乡村建设的初衷和起点，也是“绿十字”乡村建设的特色、特征，以及实现这一目标的重要手段和方法。

所谓乡村社会生活系统，一方面是满足人们物质需求的，包括水利、道路、电力、饮水等基础设施方面有形的物质层面的乡村社会系统；另一方面是满足人们精神需求的，包括文化、教育、艺术以及医疗、卫生等方面的无形的精神层面的乡村社会系统。这里的重建乡村社会生活系统主要指后者，即以文化为载体的精神层面的乡村社会生活系统。

第一，崇尚乡村传统文化的复兴与延续。传统的中国社会是以农耕文明为主体的社会，乡村是中国社会的基础与根基，所以，建立在乡村社会的政治、经济基础上的传统乡村文化也从各个方面影响着人们的思维方式与行为规范。正如梁漱溟所说：“所有文化，多半是从乡村而来的，又为乡村而设，法制、礼俗、工商业莫不如是。”孙君对此这样解释：“传统文化有着广阔的外延和深刻的内涵，主要包括以各地独特的生产、生活方式构成的物质文化，以独特的组织管理形式构成的制度文化，以独特的审美观念、思维方式、风俗习惯、情感志趣、心理素质等构成的精神文化。”

正是基于对乡村文化重要性的认识，“绿十字”非常注重乡村传统文化的传承与复兴——重建乡村文化生活，例如，五山茶坛、高椅醉月楼等各种形式的文化交流中心、图书馆等农村公共设施的建设。一方面，丰富了村民的文化生活，增加了乡村的凝聚力；另一方面，也可以吸引乡村人才回归。孙君认为，新农村建设的目的，是要改善当地的生态环境，建构当地新型的生态文化观念，并在这种观念的指导作用下促进当地经济的发展和农民生活水平的提高。他进一步提到，如果我们要试图摆脱由于生态危机而出现的人类发展阴影，就要以新的生态观念为指导，建构适应社会与环境可持续发展的新型生态文化。因此我们应该反思自己现存的文化，用生态文化创建新的生态文明，构建和谐的生态社会。

同时，“绿十字”更是明确反对把文化从具体的乡村建设事项割裂开来的

做法。人、自然、建筑、精神、文化是一个生命体。只有独立的规划和建设，系统就不存在，新农村建设也就很难做得有完整性，也就谈不上新农村建设的生命力。新农村建设是一个系统工程，而村民是这个系统工程中的主体，因为我们要建的是农民的新农村，否则新农村建设就是一次彻底的破坏。

第二，注重乡土艺术的传承与修复。艺术是一种文化现象，用能激发他人思想和感情的形态或景象来表达现实，大多为满足主观与情感的需求，亦是日常生活进行娱乐的特殊方式，绘画、雕塑、建筑、音乐等皆属艺术的范畴。中国人很早就有崇尚艺术的传统，并且把艺术融入日常的生产和生活之中。而中国的乡土艺术（也称之为民间艺术）是相对于“宫廷艺术”与“贵族艺术”，由中国各民族劳动人民在日常生产、生活中自己创造和欣赏的艺术，如年画、剪纸、刺绣、木雕、石雕、彩绘、编织、建筑等，这种艺术的目的不单是为了满足审美的需求，更主要的是实用。中国的乡土艺术主要有“通感联想”“互渗造型”“感悟造型”“自由时空造型”“集体式造型”等表现形式，特别是中国的乡土建设艺术更是中国乡土艺术的奇葩和瑰宝，反映了地方文化、民族习性、生活习惯、气候特征以及时代特点。中国乡土建筑的形制和造型丰富，除了有单纯的住宅外，还有寺庙、祠堂、书院、戏台、酒楼、商铺、作坊等。

这种艺术美存在于中国人的乡土建筑艺术之中，也存在于“绿十字”的乡村建设的理念之中。美是人类的共性，和谐是生存的根本，五山模式不仅有可操作性、实用性，还带有强烈的艺术和美感。

3. 在房屋设计和建造中讲求人文美、自然美、和谐美

“把艺术还给农民，把艺术引入人们的生活，让艺术、环保、美丽进入家庭”的口号，是“绿十字”在乡村建设中还原艺术理念的集中体现，并把这种理念集中反映在农民房屋建设的设计与建造之中。

乡村传统手艺

中国人尤其是中国的农民是非常注意建造房子这件人生大事，因为房子是根，农村建房是一辈子的事，农民将家看得与生命一样重要，因此无论是房屋的选址还是房屋的构造都非常重视。“水”“风”“土”“气”等建筑元素在建房过程中的运用，犹如当代科学中注重地球生物圈中的水循环和大气循环、土壤岩石圈及动物植被等生态关系与资源的处理、运用一样，注重人与自然各种关系的整体把握。同时，农民在房屋的设计和建造的过程中极为重视自然景观的审美，讲究建筑人文美与环境自然美的和谐与有机的统一。基于对中国的这种传统乡土建筑内涵的深刻理解和源于自身独有的艺术特色，“绿十字”在乡村建设实践中开展村庄改造使二者得到完美的结合。孙君说：“对于我而言，我是把每一个农村建设项目当成我的一个艺术作品来做。当然在做的过程中，我不会忘了我的目标是建设乡村，是让那里的村民安居乐业。”

（1）植根于中国乡村的自然环境。在中国传统的乡村建筑中，乡土建筑多以自然为重，根据当地地理气候，在实现采光、通风、御寒等方面都力求利用自然条件。就地取材，并创造性地把地方材料的应用发挥到极致，这是乡土精神的另一个标志。土坯、夯土、夹草泥、石头，这些廉价的材料，具有实效的构造和充实饱满的美学效果，形成不同形式与特色的墙体。在“绿十字”乡村房屋的规划设计与建造过程中，非常重视农村自然景观和废旧生产生活日用品的再利用。很多废弃的农用工具和场所，都可以成为很好的乡村意象符号；随意摆放的农具，随便安放的打谷场有时就可以成为很好的美

乡村水景观设计

学元素；如果能够有意识地结合公共空间的设计和安排，选择、整合、配置一些闲置不用的农具，如辘轳、碾子、碓臼等，对于乡村空间氛围的形成是有很大帮助的。把空间整合和废旧物品利用有机结合起来，就可以用一种循环生态的方法来塑造乡村意象。

（2）植根于中国农民的生活习性。农民的房屋是他们栖身休闲的场所，所以，建筑的"便宜性"是房屋规划设计和建造时必须考虑的最重要的原则之一。所谓"便宜性"，是指房屋的选址、形制和院落等以生产上的方便和生活上的舒适为前提。乡村的生活是日出日落的循环、春夏秋冬的交替，缓不得，也急不得。因此，树荫下的小憩、村头井边的闲聊、社火和村戏就都成了典型的乡村意象。同时，乡村具有一种天然的质朴气息，这种质朴可以表述为一种有创造性的功能简约，也就是说，乡村营造一般总是直白、干净利落的，它不矫揉造作，不铺金陈银，但它充满了逻辑、创造和想象。乡村建筑简洁明了，但并不简单。因此，"绿十字"提出了"从村民中来，又还于村民，这才是真正为民祈福"的口号，将其作为"绿十字"为农民的房屋做规划设计和指导建造时的重要原则之一。

（3）植根于中国传统文化土壤之中。乡村建设只有植根于中国的传统文化土壤中才能凸显其民族性、地域性和独特的建筑特点，而农耕文明则是乡村的背景，农田、果林、农作物就必然成为乡村的一个重要意象。所以，农民的建筑从某种程度上讲，应考虑到人、自然、生产、持续的概念，农民因为这种科学的自然流露的规划，而让他们获得了生生不息的后代延续。

总之，"绿十字"的乡村建筑规划设计理念非常注重现代居住建筑的功能性、合理性、艺术性与独特的乡土文化相融合，在强调与现代先进的建筑设计接轨的同时，还要注重传统文化、民族元素的存在，以此打造出具有中国乡村地域特色和符合中国农民传统审美观的优秀建筑作品。这不仅是"绿十字"乡村建筑规划设计所应遵从的理念，也是今天中国的乡村建筑环境设计师应提倡与坚持的原则。只有这样，具有中国特色的乡村建筑才能具有长久不衰的生命力。

（三）提振精神、重塑信仰，实现乡村秩序的重建与转型

贺雪峰教授说："当前农村的根本问题不是农民收入没有增长，而是支出增长的速度比收入增长的速度快得多；不是温饱问题没有解决，而是消费主义文化告诉他们无钱消费是可耻的事情；不是农民被市场化了的社会边缘化，而是农民自己瞧不起自己；不是公共品供给机制在解体，而是人与人之间的联系

小堤村古枣园

在减弱，人际价值生产能力在降低。”当前的农民问题，不纯粹是一个经济问题，更是一个文化问题，不纯粹是一个生产问题，而更是一个生活方式的问题。

所以，提振农民的精神、重塑农民的信仰、实现乡村社会组织结构和社会秩序（道德与价值观念）的重建与转型，是新农村建设中亟待解决的重要问题，也是“绿十字”在乡村建设实践中解决“三农”问题的切入点和重要实践方法之一。陈锡文说：“农村社会的急剧变迁，对于农村新制度的生成、社会观念的变革和各阶层的调整等，都提出了一系列新课题。如何准确把握、积极引导好这种全方位的演进，建立起高效务实的动力机制和有序规范的平衡机制，保持农村经济社会平衡较快发展，尽快形成城乡发展一体化新格局，是一项复杂的系统工程，迫切需要不断做出理论和实践的回应。”

1. 从精神上重塑人们的信仰，培养农民的自信心和自主精神

精神是构筑人的信仰和支撑人们生存的重要支柱，人活在这个世上总要有点精神。所谓精神，反映的是人类在长期的历史进程和积淀中形成的意识、文化、习俗、性格、信仰、价值观念和价值追求等共同特质，是一个人生命力、创造力和凝聚力的集中体现，是一个人赖以生存、生活和发展的核心和灵魂，表现在一个人的节操、气度、风范和日常行为上。

新农村建设主要是农民的建设，农民的参与是新农村建设成功与否的关键性因素之一。而农民的自信心与自主精神，又是决定农民参与程度的重要保证。

所以，在新农村建设中，重塑人们的信仰，培养农民的自信心和自主精神不仅十分必要，也是不可或缺的重要手段和方法，是“绿十字”为之骄傲的成功经验。因为，思想和精神的无序必然会流入到寻常百姓之家，更多的普通人会在迷茫中寻找属于自己的依托，这个依托就是人们的精神信仰。农民只有建立起了强大的自信心，形成了独立的自主意识，构建了热爱集体、自约自律和互助奉献的道德规范，才能在当下这种急剧跌宕的社会大变革和全球化的市场经济的大潮中寻找到自己的位置和生存的环境，才能使农民步入真正文明、和谐和富裕的新时代。正如孙君在谈及建立五山茶坛的意义时所说的：“茶坛不仅仅是中原文化的图腾，它的一个深层含义就是民间所说的‘头顶三尺有神灵’。要在茶乡村民生活中建立一种信仰，在人民生活中有热爱集体、自约自律、心安逸静、互助奉献的乡民，那五山人民才能步入一个真正的文明时代。”

2. 从机制上重构和改良乡村社会组织与社会秩序，实现相融与和谐

进入 21 世纪以来，随着农村经营体制改革的不断深入，乡村社会组织和社会秩序也被提上议事日程。所以，乡村社会组织的建设和乡村社会秩序的重构，并由此实现乡村社会的相融与和谐，是“绿十字”乡村建设实践的重要手段之一。

社会秩序是指人们在长期社会交往过程中形成相对稳定的关系模式、结构和状态，一般分为经济、政治、劳动、伦理道德、社会日常生活秩序等几个大的方面，是一个动态的、有序的、平衡的社会状态，属于社会学的范畴。

“绿十字”在他们的乡村建设实践中除注重引导农民观念的转变外，也非常重视农民间的合作机制的建设，认为在乡村建设中为促进农民的增收应“建立村民共同体下的符合市场规律的股份制互助经济”的有效合作机制，并把这种农民的合作机制称为“一建双联”。所谓“一建”是指：建生态园，以土地、资金、人工、生产资料的形式加入。所谓“双联”：一是联产（是不联地的个体运作方式，生产资料私有，就现有的经营，只是在计划、质量方面听从村里的管理等），二是联地（是土地和生产的集体经济，生产资料集体化）。还提出其“运作方式就是一头联市场，一头牵农户，而这两种运作方式是既保证了农民土地承包的经营权，又能在市场中找到产品的出路，进退自由，运作可集体化经营，也可保证股东的利益，个人底线承包，经营运作股份制方式参与决议”。

总之，从一定意义上说，20 年的改革开放历程，也是不断寻求新的社会整合机制的过程，而这种新的社会整合机制的基本特点就是以契约性的社会整合为主导。所以，“绿十字”在乡村建设实践中，注重中国传统文化的吸收和西方现代工业文明的注入，并以此作为重构乡村的社会秩序和组织构架体系的基础，力求探索出一条新的符合当今农村发展需要的乡村建设实践的方法，其意义值得人们思索。

（四）相信民力、依靠政府，实现乡村实践者工作方式的转变

在中国以往的乡村建设实践中，往往出现两种倾向。一种是全盘否认地方政府的积极作用。认为地方政府的所作所为，根本不是从农民的利益出发，一切都是为了谋取地方官员个人的政治资本，都是为了取悦上级的政绩工程，它们不仅与改善农民生活无补而更多的是劳民伤财和损伤农民的利益。所以，盲从农民意志而远离政府。另一种是认为中国农民的文化素质低下，自治能力不足，行为懒惰而组织纪律散漫，于是，怀疑农民的创造性和参与热情，轻视农民的创造力和低估农民的积极性，过分依赖政府的权威。其实，这两种倾向都是背离中国现实的极端行为，都有损于乡村建设实践的有序开展和终极目标的实现。“绿十字”坚信既要相信民力，又要依靠政府，还要参与市场，并将这一理念作为其最有效的实践方法贯穿于整个乡村建设实践中。

1. 相信民力——财力有限，民力无限

“财力有限，民力无限”是“绿十字”乡村建设实践中提出的一个重要理念。因为财力的稀缺性特点，在社会的一定时限里，财力无论有多少都有一个总量的限度。而所谓民力，这里是指农民（包括农村精英）的力量，既包括有形的力量——个体的农民劳动者数量，又包括无形的力量——农民的知识、智慧所带来的无限的能动性和创造性。相信民力就是要相信农民参与新农村建设的积极性、主动性和创造性，因为，农民不仅在历史上推动中国的进步和发展，而且将永远是推进中国历史发展的强大力量。

第一，农民是推动新农村建设与发展的主要力量。纵观中国数千年的历史，无论哪个时期，中国的农民都是推动中国社会进步与发展、改变中国历史进程的主要参与者和推动者。中国20多年的农村改革实践证明，如果没有广大农民群众的积极参与和大胆探索，中国的农业和农村经济发展就没有现在的速度和成就。孙君说：“没有农民参与和支持的新农村就不是新农村。”新农村建设是农民自己的建设，一方面要充分尊重农民群众的首创精神，鼓励他们围绕农村经济的持续发展参与新农村建设的实践与探索。调研、决策、实施、管理和评估都以村民为主体，由村民自主参与共建家园，避免项目一

撤、专家一走，就面临瘫痪的局面。另一方面，要激发农民的自主创业的潜能，为农民营造施展才华、创业致富的平台。孙君说，多年来的乡村工作中，我的几条基本经验是：第一还权于村支两委，让农民有信任与稳定的“家长”；第二，一定要尊重村民的想法；第三，对于他们到底能做到什么程度要有评估，不能超出他们的能力太远。这样村庄改造起来投入小，农民也能适应，新农村建设就不会瞎折腾。只有把广大农民的聪明才智充分发挥出来，中国的新农村建设才能持续稳步地向前推进。

第二，农民是新农村建设的主体。在新农村建设中，农民既是新农村的建设者，也是受益者；既是创造的主体，又是价值的主体。新农村建设需要尊重农民的意愿，就是“谁的新农村谁做主”“农民是新农村建设的主体，农民参与是新农村建设成败的关键”。在新农村建设中，广泛、充分地调动农民参与新农村建设的积极性、主动性和创造性，对推动新农村建设目标的实现具有极其重要的作用，否则如果脱离农民的愿望，忽视农民的主体作用，新农村建设就不可能持续地发展下去。

第三，要相信农民参与新农村建设的意愿和能力。一方面，农民有参与新农村建设的能力。农民占乡村人口的绝大多数，勤劳朴实、任劳任怨是中国农民的本色和秉性。中央投入了巨大的资金，如果仅仅靠资金来建设新农村那是个重大的误区，城市建设中不可持续的问题就是如此。回馈社会、文明道德，不是钱能买回来的，我们还是应该注重公众参与，群策群力，依靠广大农民。要改变乡村的贫困，唤醒农民自身参与，以劳动力来补充广大乡村资金的不足，这就是面对现实的新农村建设的价值所在。尤其是一批具有文化知识的青年农民工，他们在从城里返回农村时带来的不仅是投资农村再发展的资金，更是改变农村命运的知识、信息、技能和先进的现代化管理理念，而他们也正逐步成为乡村建设中的农民骨干，充分发挥他们的才智和能力是实现新农村目标的有效路径。正如孙君所言，一个成功的生态建设需要培养一种责任感，让人们主动地做出明显而且是理性的改变。因为我们无法估计自己行为的全部可能性后果，有些行为甚至有可能是有害的。另一方面，农民有参与新农村建设的意愿和积极性。农民有对农村经济改变、对农业生产力提高和对生活质量改善的渴望，激发出了农民参与新农村建设的意愿和积极性。农民是最讲究实际的，以眼见为实，只要是有利于农民自身发展的事情他们都会拥护并积极参与，这既是农民天性的反应，也是农民的一种价值观念。新农村建设作为一个为农民谋利的民心工程，其好处农民已了然在胸，所以对他们参与的热情也无须怀疑。

孙君在一次与农民的座谈会上说过，新农村建设的“成功不是在于我，而是在于你们，你们成功了才能说成功”。

2. 依靠政府——融入政府才能帮助农民

这里的政府，主要是指具有行使公权力的乡镇人民政府，也包括代理行使公权力的具有准政府资格的村民委员会，即人们通常说的乡村两级基层组织。所谓融入政府，就是要在新农村建设中依靠政府，处理好与政府的关系。

第一，乡村两级基层组织在新农村建设中具有不可替代的特殊地位。在当下的中国，乡镇政府和村民委员会都是联系国家与农民间的纽带与桥梁，也是乡村资源的管理者，尤其是国家的财政转移资金和农村的稀缺土地资源的分权，这直接影响到一个村组一个农民的前途与命运。同时，客观地讲，能在乡村两级基层组织做事的人，大都是受过良好教育、具有一定的专业技能且在当地有一定影响的所谓乡村精英分子。在农民的眼中，他们是乡村文化人和能干者，是党和政府形象的化身。他们的言行，直接或间接影响到乡村发展的走向和农民的思维观念、生产方式和生活情趣，甚至是农民的前途和命运。孙君说，“村干部是新农村建设的核心，他们是一个村的‘家长’，‘家长’有了信心，村民才会有干劲，才更具有凝聚力”。

正因为如此，“绿十字”把与乡村两级组织的交流作为重要的方法落实到每一个乡村建设实践。我们是与政府和村里的精英沟通，通过与农民精英和本地政府沟通，再由他们与农民沟通。我们要是直接与农民沟通，只能与几个人沟通，“绿十字”只有 7 个人，解决不了大问题，而引导本地政府官员，就可以建立起一片绿洲。加强基层二委会的力量，他们是农民的希望，做好这个层面的工作有四两拨千斤之效。

第二，乡村基层组织是新农村建设的重要推手。政府官员无论是省市县级，还是乡镇，甚至是村干部，服务农民、帮助农民、救济农民是他们作为人民公仆的基本责任和义务。新农村建设作为新时期党和国家改善农村环境、发展农村经济、富裕农民生活的民心工程，各级政府官员理应成为这项工程的组织者和推动者，尤其是乡村两级的干部更是重要的推手，客观地讲大多数的乡村干部在新农村建设中是真心努力地推动这项工作的。

无论是在堰河村与田河村生态乡村建设的过程中，还是在后续更多的项目中，“绿十字”都非常注意发挥党员干部在村里的作用，“在公众参与中，公众不仅仅指的是村民，真正起作用的是党员干部”。对于乡村干部在新农村建设中的推动作用，孙君在总结五山乡村建设的经验与得失时写过这样一段话：“五山模式的成功是因为乡镇有三个好书记，堰河、五山镇、谷城县都朝着一个目标在努力，还有一个好的村书记。这种模式中，村书记的价值是极为肯定的，是目前乡村（新农村建设）最普遍的现象，这也是村民自治中的村民核心。”

第三，农民相信政府。农民对政府的信赖是中国农民与生俱来的传统，这种依赖感，有些可能是农民一种弱小与无文化特性的选择，但更多的是中华人民共和国成立以来中国共产党让农民摆脱贫穷、让农村走出落后的真实情景的一种感受，变成了对由中国共产党领导下的政府的信任。对大多数农民来讲，从长时期来看他们依然对政府抱有很大的信任感和浓厚的依赖情绪，甚至有些农民不愿作为的等、靠、要的思想，也是农民对政府的信任感和依赖情绪的最明显的表现。

“绿十字”认为，对于农民的这种对政府的信任和依赖要进行有意识地引导，把政府的能量化成他们引导农民参与乡村建设的力量，提出了“说服一个政府，就能建成一片绿洲”的理念，深刻地体现出政府在乡村建设实践中的重要性，感觉到了“有政府的介入，农民才能更好地参与”的现实。同时，针对农民对政府的这种信任感，“绿十字”还提出了要把与乡村两级身份相适应的公权力，还“权”于乡村组织的思路，无论是农村的未来发展，还是眼前的新农村建设，干部都应回归正途——即权利与义务的平衡，并将此形象地比喻为由“六神无主”向“六神归位”转移，这里的“主”就是代表乡村两级组织的乡村干部。还权于村支两委，这是新农村建设的基石。

第四，“绿十字”的乡村建设实践需要政府的帮助。“绿十字”在乡村建设中的很多实践活动会受到诸多因素的制约，找到认同“绿十字”理念与思想的政府，借助政府的能量来实施和推广显得极为重要。“在中国，要想帮助农民，我们直接去找农民，那是没有用的。要想帮助农民，必须说服政府，最好能帮助政府建立一种可持续发展的方法与规划，这才是最好的捷径。”即所谓“融入政府才能帮助农民”。

同时，“绿十字”认为，我们的目的是解决贫穷人口问题，而不是统计贫穷人口的数量，只有与政府合作才能解决贫穷人口的问题。正因为如此，我们的思想和理想又需要政府的平台，需要取得社会的合法性，需要从政府中找到认可精英们思想的官员，需要注意调动各方面的积极性，有效地支持新农村建设，而不是喊口号与摆造型。只有这样，才能把“绿十字”要做的事想方设法转化成政府要做的事，把“绿十字”的理念变成政府的声音，把公务员转化为“绿十字”的志愿者。

（五）注重总结与培训，强化复制与推广，实现乡村建设方法上的突破

好的乡村建设理念，不应只成为个案的亮点工程，更在于推广与复制过程中的普遍价值。“绿十字”经过数年的乡村建设实践深深懂得了这个道理，所以从2009年开始，在重视个案的乡村建设实践价值的同时，更重视理论的总结、方法的培训与模式的复制所带来的可持续效应，并把理论总结和人才培训与模式复制作为寻求乡村建设实践方法上的新突破。

1. 系统化的理论总结成为乡村建设实践可持续发展的必然选择

没有乡村建设实践检验的理论，必定是一个缺乏科学且难以经受时间考验的伪理论；没有理论做支撑的乡村建设实践，也必定是一个短暂而盲目的实践。所以，实践和理论在乡村社会的建设过程中同等重要，二者不可偏废。

在乡村建设实践中，“绿十字”深刻地感受到因缺乏具有自身特色的乡村建设理论体系所带来的困扰，孙君在总结碓臼石村乡村实践的得失时，认为失败的第一个原因就是“我们做项目的过程中没有传授一套‘可持续的’方法给村干部和农民”。同时，由于缺乏对已有的乡村建设实践过程的系统化总结而形成具有自身特色的理论体系，导致“绿十字”的乡村建设理念在新的村庄无法得到有效的复制和推广，从而也无法显现出乡村建设实践的价值。正如“绿十字”在襄城区开展乡村建设实践时最有力的支持者陈学斌副区长所言，“‘绿十字’的理念与思想好是好，可是不能复制和推广就没有意义，价值就不大。价值不能成为经验，那就成不了价值”。

为此，从2008年下半年开始，“绿十字”把对已有的乡村建设实践进行系统化归纳和理论化总结的工作纳入乡村建设的议事日程上，为的就是不仅仅做一点项目，关键是为了帮助更多的贫困人群。由此，项目要从实践进入理论，再由理论指导实践，这时的实践就是做有准备的新农村建设，并形成了其所谓“快餐法”的理论指导体系。

2. 新农村建设方法培训成为乡村建设实践可持续发展的突破口

"绿十字"的乡村建设后期开始将新农村建设方法的培训纳入议事日程。从"快餐法"到公众参与的新农村建设培训的演变，对"绿十字"来说都是重要的，也是跨越性的进步。对新农村建设，中央提出"生产发展、生活宽裕、乡风文明、村容整洁、管理民主"，如何把这20字转化成新农村建设的方法，并具有操作性，这就是"绿十字"编写培训教材的目的。从2009年开始，"绿十字"正式启动在乡村建设实践中对当地乡村建设人才的培养。

人才的缺乏，首先是切实可行的建设方法的缺乏。基于这种困境和认识，"绿十字"经过多年的努力与探索，提出了"参与式"的乡村建设方法，其核心就是"知情、明理、参与、受益"。"知情"就是走进乡村尊重干部，是针对"乡村建设的组织者"而言的；"明理"，一是要处事公正公平，二是要明白做人做事的道理，前者是对乡村基层组织和"乡村建设的组织者"而言，后者则是指农民；"参与"，就是农民、乡村基层组织和"乡村建设的组织者"三方参与，共同合作；"受益"（或说"得利"）是指参与建设的三方各受其益、各取所需，即农民得到生存环境改善的实惠，乡村基层组织践行为民服务的宗旨，而"乡村建设的组织者"则实现关怀社会弱势群体、关心人文生态环境的理念。

"绿十字"明确提出，培训的目标是提高村镇干部的素质，培训本地的老师，形成本土的新农村建设力量，加速各村的新农村建设，通过培训提高村干部的工作水平，让他们明确新农村建设的方法，看懂具备操作性的规划。为此，一方面，将乡村建设实践过程中的成熟经验变成新农村建设方法的培训教材，成为让乡村干部一看就懂、让农民一学就会的新农村建设方法，并以此作为传播"绿十字"乡村理念，推动"绿十字"倡导的乡村建设实践的更深入、更大规模的延伸。孙君说，我一直希望能编一套教材，把教材交给政府，政府只要拿到这套教材，就能基本掌握新农村怎么做。同时，想解决生态、环保、可持续发展等问题，最好的办法就是让政府能理解并接受我们的理念，我们的项目就有希望。所以孙君认为，把"绿十字"要做的事想方设法转化成政府要做的事，把"绿十字"的理念变成政府的声音，把公务员转化为"绿十字"的志愿者，只要达到这种境界，"绿十字"的工作就做到家了。另一方面，寻求与地方政府的合作，建立新农村建设方法的培训基地。此项工作从2009年下半年的问安镇乡村建设实践开始，"绿十字"依靠政府力量，依托各级党校这个平台，全方位地开展新农村建设方法的培训。

3. 复制与推广成为乡村建设实践实现价值最大化的有效途径

乡村建设理念（或理论）的价值，不只在于一个个案的成功，更大的价值在于普遍的适用性，在于社会的认可。我们最关注的是它的可复制性和可推广性——光落地成功了还不行，如果不能复制，不能成为经验，价值就不大。

首先，复制和推广是“绿十字”的乡村建设未来发展的客观需要。随着“绿十字”参与乡村建设的项目越来越多，单个项目地域的延伸越来越广——由以村组为单元向以乡镇为单元发展，仅靠“绿十字”越来越无法满足不断扩大的乡村建设实践的需要。推广和复制既有的成功经验和实践方法，已成为“绿十字”的乡村建设未来发展的客观需要。而同时，随着乡村建设规模不断扩大、地域范围不断延伸，“绿十字”以“五山模式”为核心的乡村建设方法也在不少地方受到了干部和农民的欢迎，乡村干部和农民需要这些方法的复制和推广的教材。

第二，“绿十字”的乡村建设方法只有复制和推广才有它的价值。一个理念或方法的价值在于它被实践检验是否科学的同时，还在于被用于实践的范围大小，在实践过程中留存时间的长短以及受惠于该理论或方法民众的多少，即它是否值得被推广和复制，是否能被复制和推广。

当然，这个复制和推广也是一个复杂而艰难的过程。一方面，被复制的理念或方法是要经过实践验证是值得人们去复制的东西。这对“绿十字”来说可能不是问题，经过 10 多年的努力，以“五山模式”为核心的乡村建设实践方法已在一定程度得到了一些地方政府和农民的认可。目前“绿十字”的项目 90% 以上是政府购买服务，主要是购买“绿十字”的理念，买一种适合于他们工作的文件（工作程序）。另一方面，要有复制和推广的教材。从 2009 年开始湖北枝江市问安镇开始了乡村建设方法的推广和复制的实践，即“快餐式”的新农村建设项目第一次尝试时，“绿十字”也是第一次把积累 10 年的乡村工作经验进行总结，编写了一套培训教材，定名为《农民参与下的新农村建设方法入门》，希望把不管是成功的还是失败的经验都告诉大家。同时，经过一段时间的探索，形成了具有“绿十字”自身特色的复制和推广的运行机制，即以村委会为核心，以政府为指导，把“绿十字”的理念与工作方法转变成政府行为，真正形成“绿十字”、政府、农民三方结合的公众参与的模式。

三、乡建的路径——农民参与，三方合作

新农村建设不仅要有先进的理念、科学的方法，还需要有正确的路径，只有路径选择正确，才能以最短的时间和最小的成本达成新农村建设的目标。“绿十字”经过10多年的探索，提出了“农民参与，三方合作”的参与式合作发展的乡村建设路径。

（一）公平式合作发展理念的提出

新农村建设是庞大而复杂的综合工程，它不仅需要农民的参与，也需要全社会各种力量的合作。所以，“农民参与，三方合作”（亦说“农民参与，合作共赢”）的参与式合作发展理念也成为实现“绿十字”乡村建设目标的要径。

所谓“农民参与”，公平与平等是前提；同时，农民是新农村建设的主体，新农村建设需要农民的参与。当然，这个参与，不仅是农民作为劳动力的介入，更重要的是以此来提高农民自我发展能力的重要性，只有农民的参与在新农村建设实践中得到了强化，新农村建设才是可以持续的。

所谓“三方合作”，则是指农民、非政府组织和地方政府基层组织这三方力量的合作，是一个新型互动、多赢的合作关系。正如孙君所说：“新农村建设是一个全社会支持与参与的项目，企业融资、农民出工、专家支持、政府服务和非政府组织部门参与，以合作和多赢的方式建立新的城乡市场关系。”这里所说非政府组织，包括“绿十字”这样的非政府组织以及参与到其中的社团组织、专家、学者、社会贤达以及志愿者的群体，或者称非政府组织的群体可能更合适；地方政府也不单指乡镇政府，还包括具有准政府资格的国家部分公权力的代理执行者——农村村民委员会。在这三方中，“绿十字”起到桥梁和推动作用，把微观和宏观的发展努力联系起来，把农民、地方政府、市场以及专家、学者、社会贤达和志愿者联系在一起，通过农民、地方政府和非政府组织群体的分工协作，形成三方共赢和合作局面。

“农民参与，三方合作”作为乡村建设的理念和实现乡村建设目标的路径，是“绿十字”多年乡村建设实践的经验和总结，从提出到完整形成，经过了一个漫长的实践与探索过程。早在2003年，“绿十字”在襄阳市谷城县五山镇开展乡村建设实践时提出了“走进乡村，三方合作，教育农民，重建生态”的乡村建设实践的理念。随后，随着“绿十字”乡村建设实践的不断深入和发展，

对这一方法和理念也在实践过程中进行了不断地总结和完善，提出“参与、规划、合作、得利”的乡村建设的方法和理念，并在2009年湖北枝江市问安镇开展乡村建设方法培训时，把它纳入了乡村建设理念的复制与推广的过程中，从而形成了完善的乡村建设实践路径——“农民参与，三方合作”的参与式合作发展的乡村建设理念。

这一理念的实质，就是运用参与式的发展方式，把环保的理念和科学的方法融入农民的衣食住行当中，从简单、务实的身边小事开始，花最少的钱办农民能参与的事，改变以往口号先行的模式，建立“先生活后生产”的务实发展理念，在提高农民在新农村建设中的参与意识和行为能力，让农民在家园的建设中、在村庄生态环境改变中树立建设新农村的信心与勇气的同时，发挥政府、非政府组织、专家、学者、社团、企业、志愿者以及市场在新农村建设中各自角色的作用与相互影响力，以此实现乡村建设的可持续发展。正如“绿十字”在问安镇开展乡村建设方法培训后一个学员所言，“参与的概念使我们更深一步了解如何有效地推动新农村建设，把一万人的想法变成一种想法（规划），这个过程就是农民参与和思想统一的过程。我们现在的农村工作的方法已经落后于时代，今天的参与式就是我们做农村工作最需要的好方法。组织村民学习，提高他们的素质，要让村民了解规划、参与规划，要让村民知道村里的变化，要让村民知道新农村建设是自己的责任，要让他们知道新农村建设是自己的事”。

（二）差异化社会分工使参与式合作发展理念成为新农村建设的必然选择

在新农村建设中，农民、地方政府和非政府组织是新农村建设中的三股重要力量，是影响着新农村未来建设发展方向的重要性因素，但因各自所处的社会地位不同而扮演着不同的社会角色，参与式合作发展才能将其效用发挥到最大化。

1. 农民是新农村建设的主体，是新农村建设成败的首要条件

农民既是新农村建设的参与者，也是受益者，正是这种双重身份决定了“农民是新农村建设的主体，农民参与是新农村建设成败的关键”，农民应当充当主角，并能使其主动性、智慧力和创造力在新农村建设中得到充分的展现。

一方面，新农村建设给农民发挥主体性作用提供了机会。新农村建设要建

的是“农民的新农村”，它需要表现出农民应有的主体性特质，即人的一种本质特性，它包括人的独立性、自主性、能动性、创造性等几个方面。人的独立性是指作为人要有独立的社会地位和职业特征，有平等的发展机会，有获得更多社会资源的能力和与其他阶层一道共享所创造成果的制度安排；人的自主性是指人有自主择业、自主支配、自主管理及自主享有劳动成果的权利；人的能动性表现为人在推动社会进步和提升人的生活品质过程中所表现出来的强烈进取心和革新精神；人的创造性是指人在改造社会和改变自己命运中所体现的创新精神、创业意识以及在创造性劳动过程中，不断地提升与实现自身的社会价值和自我价值。

另一方面，激活主体意识是充分发挥农民在新农村建设中主体作用的前提。农民虽然具有主体性的特质，但必须把这种主体性的特质转化成农民在新农村建设中的主体意识，并在新农村建设的过程中不断地加以激活，才能发挥农民在新农村建设中的主体作用。要做到这一点，关键是要培育和造就一大批有文化、懂技术、会经营的新型农民，以此来增强农民自我发展的能力。因为增强农民自我发展的能力既是新农村建设的目标，也是推进新农村建设的根本，没有农民整体素质的提高和自主发展能力的增强，农民的主体意识就不可能转化为新农村建设的主体作用，也就不可能实现新农村建设的整体目标。

最后，新农村建设需要农民的参与。参与式的发展思想认为，一个地方（如乡村）的发展成功与否取决它能否立足于基层（乡村）自下而上地组织农民自觉参与发展过程，并相信当地农民在一般情况下有能力判断和解决好自己的问题。正如孙君所言，“中国农村本来就是一个大家庭，新农村建设就是要让农民参与一件事，这件事就是以村为家”。参与式合作使农民不再是消极、被动地接受新农村建设的观念，而是积极主动介入到新农村建设实践的全过程中；农民的参与不仅只停留在农民对新农村建设项目的实施过程中，而且体现在参与项目的立项、规划与设计，以及项目的监督与管理，甚至是项目的评审。

2. 地方政府在新农村建设中起重要主导作用

作为首先面对农民和直接负责具体建设事务的基层地方政府组织，乡村两级组织在新农村建设中的主导性作用是不可替代的，这既与中国地方政府的组织构架和功能定位有关，也与中国农民的特性有联系，即如孙君所说的“‘绿十字’做的很多工作就是把说服工作还权于村干部，这种权力的归还是社会稳定的最好做法”。

在中国的乡村，无论是政治、经济资源还是社会民生方面的资源，大多数依然掌握在乡村地方基层政府组织的手中，而这种行政资源的相对集中在某种程度上符合中国乡村的目前社会稳定的需求。所以，在这种特殊的行政体制背景下的新农村建设中，要想改变农村的落后面貌、改善农民的生活品质，单靠农村自身的积累，乡村建设将是漫长的过程，单靠农民自己的力量，生活的改善将变得异常艰难，单纯的市场机制的作用，又可能加剧农村和城市发展的不平衡。

因此，就需要地方政府在新农村建设中起主导作用。在政府、农民、非政府组织之间，最重要的也是关键所在就是政府。严格地说，政府就是项目主体。政府一旦认可这个方案，并使之成为他们的工作，这个项目就可能完成。政府有严格的工作程序，政府有力度、有资源、有人才、有手段，只要政府把项目列入工作计划，就有可能把非政府组织的先进理念变为政府理念，进而成为现实。

同时，发挥地方政府的主导作用需处理好地方政府与农民主体作用的关系。一方面，新农村建设如果离开了政府的主导作用，农民的主体作用将失去明确的方向；另一方面，新农村建设如果没有发挥农民的主体性作用，政府在新农村建设中的主导作用就会失去依靠的力量。而要处理好二者关系的关键是，必须明确政府的主导作用并不是包办代替，既必须把农民作为政府关爱、扶持的对象，又必须从思想上充分认识农民是新农村建设的主体。要解决好政府“导什么”和“怎么导”的问题。在“导什么”的问题上，要针对农村的需要，使财政支出更多地向农村倾斜，主要在统筹规划、信息服务、市场建设、信贷和技术扶持等方面提供更多的服务；在“怎么导”的问题上，既要建立以农民需求为导向的主导机制、满足农民最迫切的需求，又要健全基层民主制度，让农民充分表达自己的意愿。这样，才能更好地发挥农民的主体作用。

3. 非政府组织是新农村建设中的沟通管道与联系桥梁，是三方合作的推动者

首先，非政府组织的民间性和非营利性特点，决定了它在新农村建设中与农民的贴近。民间性和非营利性是非政府组织“具有 5 个可以被客观辨认的突出特征”之一。所谓民间性，是指非政府组织是一个独立于国家政府组织之外的机构，非政府组织的参与自然会消减农民的疑虑，以求得身份上的认同。一方面，可以通过它争取社会资金的捐助，来填补政府用于新农村建设资金的不

足；另一方面，非政府组织既可以成为政府与农民间的联系桥梁，也成为乡村社会稳定的安全阀。而非营利性，使农民更容易接受非政府组织的乡村建设理念，并同时推动社会对乡村弱势群体的关注度。正是基于这两种特点，非政府组织很容易接近农民并成为可信赖的新乡村建设理念的传播者和组织者。

其次，非政府组织的组织性和理性化的思维方式有利于它与地方政府在观念和目标上的趋同，成为地方政府合作的伙伴。所谓的组织性，是指非政府组织是“具有机构特质的组织”，是用理性化的思维方式来认识农民，来判断农村的未来发展方向，来规划乡村建设的近期目标和长远规划。孙君认为，非政府组织首先要认清自己的价值与作用，这是很重要、很客观的问题。正是非政府组织的特质和理性化的思维方式，使非政府组织与政府都有促进乡村经济发展，改善农民生产、生活状态，恢复农村生态和传统文化的意愿。孙君说，“很多人都在问我，如何与政府保持这种顺畅的合作，为什么你们这些非主体的项目（垃圾分类、公众参与）会成为政府工作中的重点。我回答很简单，因为政府需要！”再加上非政府组织可以吸引庞大的具有高学历、专业水准和奉献精神的志愿者队伍，其建设理念和行为能力也是前瞻性的、科学的，能得到政府认同的。

最后，非政府组织的自治性和自愿性特点是促进政府、农民以及专家、学者、社会贤达、企业和志愿者以及市场合作的推力。自治性是指：非政府组织在新农村建设中与农民没有利害关系，与地方政府没有隶属关系，拥有很大的思想自由权和行动自主权，讲求的是自由奉献精神。所以，非政府组织是一个重要的社会凝聚剂，可以执行多种功能，具有多重作用，既可以促进社会进步，又是社会的稳定器，还可以促进社会的宽容。

正如北京师范大学社会学系评估组对“五山模式”的评价中所言：“在中国，由于政府强势的地位，所以，问题的解决，往往取决于能否促成政府观念的改变。非政府组织作为提供资讯、方法、技术的一方，积极引导基层干部的观念转变，借助政府、企业的资源，辅以提高民众的参与能力，赢得最广泛的参与和支持，从而实现共同目标。”

（三）参与式合作发展理念是实现新农村建设目标的有效途径

新农村建设是一个复杂的过程，在这个过程中，过分地依赖和片面地强调农民、政府以及非政府组织任何一个方面的力量，都不利于新农村建设的有效开展，只有整合三方合作的力量，才能解决当今新农村建设中出现的问题，实现预期目标。美国学者莱斯特·萨拉蒙教授说，适合21世纪解决公共问题的新思路，是伙伴思路与合作政治学，这也是“绿十字”提出参与式合作理念的根源所在。如孙君所言，“‘绿十字’有产品、用产品的运作方法，就形成一种商业模式，这种模式是政府采购、非政府组织执行、农民参与，最后三方受益。所谓三方受益，就是农民能持续增收，政府获得政绩，非政府组织有了产品和理论”。

1. 在新农村建设中各方力量的需求为合作提供了契机

一方面，在新农村建设过程中，农民需要非政府组织的观念引导和政府的基础建设；另一方面，非政府组织也需要农民在理念上的认同和政府的购买（理念的接受、身份的认同和资金的投入），才能使其理念和各方志愿者的专业技术得以发挥价值和作用。“绿十字”没有权，没有钱，没有政策，带进的是思想、是技术。这些思想是发展的思路，技术是文化，而政府是推动项目的重要力量，农民对政府是认可的。

同时，地方政府作为新农村建设的领导者和组织者，建设有利于农村经济发展、有利于农民生活改善的新农村，既是他们的职责所在，也是大多数乡村干部的真实愿望，只是受到一些因素影响，使一些地方的新农村建设依然沿袭着传统的思维方式和行为风格。严格地说，一些地方的政府是用老办法、老观念在建设新农村，更多的还是用办工业的思想、建设城市的模式在建设新农村，这显然不适合，因为城市与农村本来就是完全不同的两个世界。非政府组织的新的建设理念和科学的建设方法可以帮助地方政府走出传统观念的桎梏，非政府组织的理念、方法和经验为满足政府的需要提供了可能。

2. 合作是确保新农村建设目标实现的有力保障

差异化的社会分工决定了人们在社会实践过程中相互合作的必要性，农民、地方政府和非政府组织三方的合作，才能使各自的社会力量能效发挥到极致。一方面，农民和政府的合作，便于乡村建设主导和主体的思想的统一，可以形成巨大的创造力。农民参与、非政府组织的加入、地方政府的支持，这几股力量汇聚在一起，就形成了一个整体，把一万人的想法变成一个想法。有了这种方法，很多农民问题就很容易从源头解决，社会稳定、资源整合，让项目真正进入人与自然平衡的境界。另一方面，“绿十字”与农民和政府的合作，将乡村建设理念融入农民的日常生活和政府的规划中，以求实现双方利益的最大化，促进了农民观念的改变和政府工作方式的转变。

总之，在新农村建设的实践中，多方合作机制符合中国国情，“绿十字”联合地方政府及社会知名专家学者，开展对当地基层干部、村委会和村民的动员、培训，以赢得广泛的参与和支持，从而形成一个多赢的机制，实现共同的目标，并使之可持续。

3. 处理好这三者关系是参与式合作发展有效开展的前提

农民、政府和非政府组织是新农村建设中相互依存的三支重要力量，但又扮演着各自不同的角色，如何处理好这三者关系相当重要。

一方面，地方政府在乡村建设中，既不能干预过多，也不可消极不作为。干预过多，削弱了农民的主体性地位；消极不作为，会使乡村发展的丧失机会。所以，经验教训总结为：政府应明智地专注于几项基本投资——学校、医院、公路、基础研究，而把高度专业化的企业活动留给私人部门去做。另一方面，农民既不可怀疑政府也不可完全依赖政府，二者形成某种形式上的对等，否则，一旦这种基于权力不平等的合作关系变成依附关系时，社会改造就有可能失去正当性。而“绿十字”在参与新农村建设中也要摆正自己的位置，做到帮忙不添乱。所谓帮忙不添乱，一是寻求“绿十字”的理念与政府和农民的利益有最大的交集；二是扮演好第三方的角色。“绿十字”在五山模式的操作中，一直是扮演第三者的角色，政府是主体，村干部是第二位，这种顺序符合正常情况。我们很清楚自己的位置，我们所想的就是做事，对名分和地位从来不考虑。对于摆正关系的重要性，孙君在总结“绿十字”乡村建设时说：“政府、村干部与‘绿十字’的比重各是多少？我想应该是政府占 30%，村干部占 60%，‘绿十字’占 10%。‘绿十字’只占 10%，是因为‘绿十字’没有权、没有钱、没有政策，带进的是思想和技术。这些思想是发展的思路，技术是文化，而政府是推动项目的重要力量，农民对政府是认可的。村民大事找政府，小事就找村干部。这就是目前村与政府、村民与政府之间的关系。”

四、乡建的实施模式——还原乡村，让乡村长大

“绿十字”通过多年乡村建设的实践，逐步形成了“把农村建设得更像农村”“还原乡村本质又简单的生活状态”的乡村建设理念，并在各个项目中践

行“重建生态、还原乡村”“开启民智、培养干部”的乡村建设方法，以公平的参与式合作模式整合政府、农民、非政府组织等各方资源，充分发挥各方作用，使一个个乡村发生了翻天覆地的变化。

把农村建设得更像农村，从最简单的含义上理解，就是让每件事情回到它本来的面貌、原本的状态，城市就是城市、乡村就是乡村，呈现最自然也是最美的状态。乡村要回到自然的生态与生命法则，回到天人合一的生活方式。把农村建设得更像农村，还有另外一个含义，今天讲的农村已经不是概念上的传统农村，而是要符合今天、符合当下发展需求的农村，既要与城市有差异，有乡村文化的元素、有历史文化的遗迹，还有现代城市科学技术地融入。

（一）还原乡村，构建和谐机制

新农村建设是一个系统工程，需要有先进的理念、切实可行的方法，更需要有一个完善、协调、分工明确、各司其职的管理系统和有效机制，才能使乡村建设有效运转、稳步推进。对此，“绿十字”有着自己的理解和实施办法。

1.“三农”不是问题，“三农”是希望

一段时期以来，“三农”问题成为党和国家以及全社会共同关注，并投入巨大人力、财力、物力，在中国经济和社会发展中的一件大事。“三农”是什么，不同的人站在不同的角度，有着不同的理解和诠释。在一些专家学者看来，“三农”是问题，是农村无法解决的“结”，虽然投入巨大但却一直面临各种困境，收效未及预期，让很多人不断地在困惑中纠结，而且让农民跟着看不到希望，从而对未来乡村发展前途缺乏自信。

但在“绿十字”看来，“三农”不是问题而是希望，生活中问题越严重的时候，离解决问题也就是越近的时候。孙君说，要用积极向上的阳光心态，用正能量去坦然面对乡村建设项目中出现的各种人和事以及他们之间的问题、矛盾、纠葛，从问题中寻找希望，在困惑中寻找方向，把问题转化为希望。正是“绿十字”这种心态，在面对乡村建设中各种不利因素、各种困难时，才能给自己，也给当地政府、给村干部、给村民以积极性、自信心和无限热情。出发点不同，心态自然不同，结果也肯定不同。

2.“亲娘”和“后妈”，亲疏有别、定位不同

在乡村建设中，孙君总是把村干部形象地比喻为村民的“亲娘”，而把外

来者形象地比喻为“后妈”，认为目前农村出现的问题，主要是“政府管理的越位，政府代替了村干部”。在农民眼中，“村干部是村民的‘亲娘’，政府是村民的‘后妈’，‘亲娘’话说重一点、轻一点，甚至打一下，村民不会记在心里，‘后妈’就不行”。在村里，村民一定最听村支两委的，所以“绿十字”在乡村建设中坚持“把说服工作权还给村干部”，无论是“绿十字”、投资者、企业家、专家学者还是各级地方政府官员都“只是协作，而不是主体，更不是救世主”！

因此，在“绿十字”的项目建设过程中，无论是土地的征用，还是居民的拆迁补偿、民居的形制与外观，以及村庄的规划和改造，“绿十字”只是提出专业方面的建议，尽可能地不插手指挥村干部，而是把决定权和指挥权交给村干部和村两委会，这样不仅调动了村干部的积极性，也为村干部赢得了更多的村民的支持和信任，拉近了各居民与村干部的距离，相应地提升了他们的自信心，锻炼他们的工作能力。

3. 构建“三建”乡村组织

“绿十字”认为，要想管理好乡村，让乡村有一个和谐、稳定、持久的氛围和发展，在当下只有将党建、村建、家建有效结合，才是实现这个目标的有效方法，而且适用于所有的乡村。

（1）党建。“绿十字”始终坚信，乡村不能脱离党的领导，要发挥党对乡建的作用，加强党建工作。现在有些地方农民与政府冲突不断，上访、打架、对峙的结果都是两败俱伤。乡村的党建就是要重新树立党员在农民中的威信，以增强农村党支部在农村中的领导地位。具体操作方法可以结合村里的实际情况，通过如开展党员素质教育，提升基层党组织的凝聚力；建立党员联系制度，引导党员带头示范；建立和完善以村党支部为主体的包括村委会、农民经济合作组织与以农村老党员为主体的村级事务议事会四位一体的乡村组织架构，强化村级管理机制和能力等。这样可以充分有效沟通，相互理解、相互支持，使农民得到实惠，政府工作顺利开展。

（2）村建。乡村一定要做到还权于村支两委，这是“绿十字”不断强调的事情，但往往很多上级政府还是习惯于大家长式的管理，手伸得太长，结果费力不讨好。村支书，包括村干部在村里有两种身份，一个是行政职务，另一个是村民与家族的一员，承担着双重责任，村庄就像孩子，村支两委就是这个村的家长，所以村里的事村支两委说了算。而同时，壮大村集体经济是村建的一个必要条件，也是村支两委的重要工作，如果村集体还没有村民富裕，就没有话语权，就无法引导和带动村民。做到这些，无论上级政府机构和官员如何更换，村支两委的稳定都能成为村庄可持续发展的保障。

（3）家建。很多乡村至今还沿袭着宗祠、族长等传统，大多数乡村以固有的道德意识而不是法制作为约束行为规范，所以在处理村庄事务和协调村民纠纷时，行政命令往往是无效的，甚至在很多传统的乡村村支书的话也不见得管用，家族族长出面就能起到四两拨千斤的作用。所以，在“绿十字”的乡建中，会邀请各大族长参与一些讨论，只要认识清楚、合理利用，这是村庄建设、发展中核心力量的重要补充，也是维系稳定、和谐的必要条件。

（二）环境营造和文化修复

环境决定了一个村庄的发展质量，文化决定了一个村庄的发展潜力，良好的生存发展环境、深厚的文化底蕴是一个村庄可持续发展的基石和命脉所在。改善乡村生态、修复乡村文化，是“绿十字”乡村建设理念的重要内容，也是众多项目率先的切入点。

1. 改变观念和面貌，从资源分类开始

推广资源分类，几乎成了“绿十字”做乡村建设的标志，成了每个项目开始的第一步——2003 年堰河村，从资源分类开始做起，提出“垃圾不出村，污水不入河”，发展了有机茶产业；著名的郝堂村，在当时胡静书记的带领下 3 个月完成资源分类命题任务，成就了孙君的亲力打造；当小堤村民被质疑资源分类多此一举时，叶榄鼓励他们有意义的事情坚持做就是对的，如今小堤村的环境已经大变样……即使有了实践经验，有了落地案例，但“绿十字”依旧不断地被问道：为什么要资源分类？

首先，乡村美不美，干净排第一。现在各地都在宣传美丽乡村，政策资金也都在扶植美丽乡村建设。一个乡村的文化、经营、品质等考量标准需要调研才能了解，只有环境是一目了然的，这是最直观的政绩体现，也是美丽乡村最直观的评判准则。

其次，可持续发展重在村民参与。资源分类可以让家家户户参与其中，一起制定相应措施，使农民养成好的习惯，这才是乡村环境整洁的可持续发展方式。

小堤村书吧

堰河村治理后的水边

高椅村巫水河畔

郝堂村石桥

高椅村一角

第三，资源分类还可以带来真正的实惠。建设美丽乡村，首要目的是打造村民居住舒适、生活相对便利的村庄，但不可避免会带来乡村旅游的风潮。乡村旅游来得多是城里人，除了“看得见山，望得见水，记得住乡愁”，还希望吃到用到原生态的绿色产品——没有农药化肥的蔬菜瓜果、不用特殊饲料喂养的家畜家禽、不含添加剂的面粉大米等，想象一下垃圾遍布的村庄，饭桌旁就是臭烘烘的猪圈，你还愿意买农产品吗？你相信是有机绿色的吗？你能吃得下去吗？所以资源分类可以带动村庄有机产业的长足发展，也应该成为美丽乡村的常态、日常。

2. 强化健康教育，从改善公共厕所开始

改变农民现有一些不良生活习惯，形成文明、健康的生活方式，是“把农村建设得更像农村”的一个重要内容，也是“绿十字”多年乡村建设实践探索

小堤村公厕

中感觉不足和存有遗憾的地方。2011 年，“绿十字”在郝堂项目中启动了“健康服务进家庭”活动，旨在从家庭层面上做健康宣传倡导，着眼于不生病和少生病的理念，为农民提供健康知识和信息方面的咨询，以此增进家庭和个人的健康理念与健康意识，改变农民那些不健康的生活方式和生活习惯，提升家庭和个人的健康水平。从针对孕产妇和婴幼儿的健康教育、针对中老年和慢性病的预防开始试点，并逐步推广。

从大处着眼还要从小处着手。外露的茅坑、四处散落的人畜粪便在农村并不为奇，尤其是在贫困山区更是一种普遍现象，为此，“绿十字”把先建卫生与漂亮的厕所、改变乡村里没有公共厕所和其他简易外露茅坑的现状，作为培养村民新的生活方式和习惯的直接手段。例如，郝堂小学校的生态厕所，是按照建筑师谢英俊先生的设想修建的，使用轻钢结构，通过简单的设计将粪便和尿液分开，一方面解决了以灰土覆盖不卫生的方式，另一方面用可移动的容器收集并定期清理，将收集的粪便、尿液通过发酵处理方式制成有机肥料。这个生态厕所最大的特点是环保、节能，不需要用水冲洗，只要稍微改变一下生活方式，就能将污染和后续的治理成本降低为零，而且干净整洁、没有异味。

在《郝堂日记：郝堂孕育七个月》中，孙君写道：“新农村建设要从新的生活开始，乡村文明也要从文明的源头开始，这些源头不是会堂、不是马路、不是村委会，而是厕所、垃圾池和围墙。这些事也是现在村干部原先做的事，因为他们知道这些事严重影响到村里的环境、影响到健康、影响到人的心灵。”

3. 修复乡村文明，从土壤改良和水系营造入手

田土、河流（古井）、植被（古树），以及村庄的建筑等，这些都是传统乡村社会的基本属性，是村庄历史的见证。所以，“绿十字”倡导的新乡村建设，要从土壤改良和水体营造入手，修复乡村环境，保护乡村文化历史。

土地是人们生存之本，保护土壤地力，是确保农业丰收的重要前提，也是今天现代化建设的需要。然而，近些年由于一些急功近利的耕种方式，使得大量的农药、化肥的毒性残留在土壤里，不仅破坏了土壤层结构，降低了土壤肥效的自我再生能力，农药、化肥的毒性残留渗透到农作物中，也给人类的食品安全带来极大隐患。为此，“绿十字”通过各种有机农业知识普及，提倡村民大面积种植紫云英这样既是沿袭千百年的农用绿肥，又能够解除土地毒性、修复土壤地力的物种，以实现为土地解毒、修复地力、为进入有机农业做好准备的目的。

乡村田园风光

同样地，解决好水的问题，对农民非常重要，而“绿十字”正是基于对农民习俗的尊重，把改变村庄的水源条件、营造新的水资源体系作为乡村建设中优先解决的问题。根据村庄的情况和环境，采取不同的方式，例如：疏通、恢复或改善原有沟渠改道水系，利用各种方式为村民引入干净、卫生的生活水源，依照村庄需求修建大大小小的污水处理系统，除了一家或几家共用的小型污水处理系统，村里再建设生物处理系统、集中处理系统。在合适的地方利用地势建造荷塘，成为村庄分级污水循环系统的重要一环，是生活污水最终分解消化的地方，这也是中国乡村污水循环最传统的方式。

4. 改变行为习惯，从兴办文化教育切入

农民的行为具有趋同性和模仿性的特点，而文化教育的形式和方法，是直接影响这种趋同性和模仿性的最大诱因。因此，“绿十字”认为，要改变人们的行为方式，就要从兴办文化教育事业开始。一方面是传授基本技能，像识字、算术，以及“绿十字”在多地开展的各种传统手工艺、女红、农副产品和食品加工、电商等现代基本生存技能；另一方面是文化的传承，如道德规范、人伦孝道等，它既是中华文化生生不息的历史根脉，也是一个家族、一个村庄繁衍和延续的内在基因。

所以，在“绿十字”的项目中，高标准的学校、村民图书馆、老年康乐中心、妇女培训基地、手工工坊随处可见，既成为传承乡村传统、提升文化素质、增强生活自信心和技能的途径，也成为村民交流互动、敬老爱幼、婚丧嫁娶的场所，

承载起开展乡村文化教育的多方位功能。

（三）旧村改造与新村建设

改变凌乱的村庄面貌，提升村民的生活水平和质量，矫正当前新农村建设中的不适当做法，引导新时期农村建设的理念和方法，是“绿十字”不遗余力在推进的一项重点工作。

1. 改造旧村庄，留住旧村的美

保护乡村的个性形态，存留乡村文化历史感，是“把农村建设得更像农村”的乡村建设理念的重要内容。因为一个有历史感、文化个性和地域特色的乡村，才是一个有活力、可持续的乡村。在“绿十字”完成的很多项目中，无论是五山、郝堂还是丁李湾、金岭、金山、小堤等，都是最有亮点、最吸引人的区域。

首先，保护乡村的个性形态，就是村庄的外形保护。尽量不大拆大动——做规划时村落要完整地保留，茅草房、土坯房、石头房和辘轳、碾子等农机农具能保留就保留，农民一般的房屋保留原来的形状，让外观更漂亮、装饰更协调，维修门窗进行局部功能性和艺术性处理，而把拆改的重点放在厕所、围墙、猪栏、厨房等，并尽量整体做到修旧如旧、保持乡村风貌。

其次，在乡村建设中的旧房改造，既要实现农民生活方式的转变，也要实

改造后的丁李湾村

现农民建房观念的改变，实现村民对房子材料、审美和观念的转变，实现村民内心世界的转变，懂得在熟悉的环境中改变自己、学会生活。旧村要体现时代性、记忆性，乡村一定要弄出旧村的美、新村的活力。要把旧的变为艺术，再把艺术转变为经济，这样的经济就是乡村文明。

第三，在开展旧村、旧房改造时，要将对环境的保护作为重要内容之一，做到改造、建设与环保、与艺术的完美结合，满足村民生产、生活和发展经济的多方需求，不可偏颇或牺牲、放弃任何一个方面。

2. 建设新社区，提升新村的活力

规划是因地、因时而生，建筑形态由功能决定，风格由地域文化决定，语言由设计者思想决定。在乡村新区的建设中，强调新村与旧村的协调与融合，也是“绿十字”的关注重点。“绿十字”倡导系统化的建设理论，认为保护旧农村比新农村重要得多、难得多，对新农村的建设不能只关注变化、速度和新建筑物的展示，不能只关注结果，而是要更在意它的过程，在意新村建设与旧村在传统、文化上的传承和沿袭，与乡村的自然、生态、环境、动植物等相互呼应、相互衬托，在意村民的自我建设和参与以及村民生活方式和观念上的改变。

3. 保有乡村风貌，塑造乡村景致

乡村不是城市，乡村不是公园，乡村不是旅游景区，乡村是农民的乡村，是农民在此生产与生活的乡村。在“绿十字”的乡村建设思路中，要拉大城市与乡村自然生态环境的差异，但要缩小城市与乡村幸福指数的差异，这也是“把农村建设得更像农村”的重要组成部分。还原乡村的生态，要以本地物种为主、以维护和美化村庄原本的风貌为主，不需要塑造人为景观，是景观为自然和乡村服务、为生产生活服务，这是乡村景观修复的重要依据，也是生态建设的重要原则。

同时，乡村建筑的设计不同于城市建筑设计，并没有标准化的形制、标准、规范，看似简单却并非科班出身的设计师，甚至设计大师就一定能做好的。“绿十字”要求农道设计团队和合作设计团队的设计师深入乡村、了解乡村，了解乡村建筑的特色、风格和规制，并要与农民、农民建筑师、当地的工人工匠一起来设计、施工、完成，甚至由农民自己设计。农民的家园由农民自己建设，乡村的美景由农民自己创造，才是新农村建设的正理。

（四）乡村、农民与艺术

乡村是人类的起源地，更是艺术的源泉，农民作为乡村社会的主体，不仅是艺术的观赏者，也是艺术的创造者，他们的生活就是一个艺术的创造过程。所以，“绿十字”强调“把艺术还给农民”的理念。

1. 还原既本质又简单的乡村生活

乡村的艺术是与乡村的文化民俗、习惯相融合，并形成具有地域特色的建筑与文化艺术，这就是乡村既本质又简单的生活状态，体现在自然的真、生活的情、产业的生态、社会的和谐。“绿十字”将乡村艺术、乡村艺术元素进行充分的理解，并在乡村形态（路桥营造、住房的改造和新建，学校、会堂、养老康乐中心、茶室乃至厕所等）的改造和建设上给予充分的展示。

2. 尊重农村的主体意识和乡村传统

“还原乡村艺术”“把艺术还给农民”中有一层含义就是要充分尊重农民的意愿，尊重农民的创造力。乡村是社会的根本，人类的生活发端于乡村，无论是艺术的创造者还是艺术评论家，归根结底其先祖都来自农村，尊重艺术就要尊重农民的艺术创造力。

在“绿十字”眼里，农民是最懂得美、懂得艺术的，也是最有资格评价和享受美和艺术的。在做乡村建设项目时，“绿十字”会先按照心目中理想的样子画好，然后再拿给村民和村干部看，征求意见，再反复修改、协商直到农民同意——改与不改，全凭自愿，如何改造，充分协商。“绿十字”认为，一个成功的乡村建设项目必须做到以下几点：首先是要尊重农民的思想；其次是要对农民的经济实力和执行能力有一个正确的评估，不能超出他们的能力太远；最后，建设过程中要尽量做到差异性，即保留每一个乡村原有的历史文化元素，减少外来元素的渗入和影响。

3. 实现农民意愿与艺术审美的契合

在农村，农民一辈子最重要的三件事是盖房子、娶媳妇、生孩子，盖房子排在第一位。一间房子、一个建筑物形态的改变，实质上是农民生活方式的改变，是农民对建筑材质的选择、建筑形制和建筑审美观的改变，是实现农民意愿与艺术家（实践者）的审美情趣契合的选择与碰撞的过程。

在“绿十字”参与的乡村建设中，他们把乡建理念、美学思想传递给村干部、村民，也传递给施工队，因为施工队也是本地的农民，他们能很好地与村民交流。但因为他们是在建设自己的乡村、自己的家，可以在“绿十字”的引导下去发现美、保留美，而不是一味地用新代替旧，代替延续了千百年形成的村落布局、邻里关系、风貌风格等乡村应有的独特的味道，从而实现了乡村本质的延续和乡村历史、文化的再生。

（五）乡村建设要有产业、文化做支撑

经济基础决定上层建筑，文明生活方式决定人的生活质量。新农村建设所要最终实现的目标，是让乡村生态友好、经济发展、收入增加、生活富足、品质提升、安居乐业，形成一个生态、文明、健康的生活方式。而这一切，都需要通过发展和促进乡村产业发展，增加村民收入为基础。

1. 从解决养老问题入手，构建农村金融体系

在当今的中国农村，农民养老问题和农村集体经济匮乏一直是困扰农村发展的一个重大而现实的问题。因此，解决农民养老和建立农村集体经济自我再生系统，成为“绿十字”关注的重点。

因为郝堂项目建设的机缘，“绿十字”与著名的三农问题专家李昌平结识，并共同尝试通过成立郝堂村“夕阳红养老资金合作社”来解决郝堂村农村养老和农村发展小额贷款难的问题。2009 年 10 月，由李昌平倡议和赞助，在当地政府的大力支持下，郝堂村“夕阳红养老资金合作社”正式挂牌成立，这是一个由农民发起成立并以资金入股加入，以养老敬老和促进农村经济发展为目的的资金互助组织形式，从最初发起时 7 个人、每人 2 万元（但不参与分红），村里老人则按每人 2000 元作为股金参与入股（可由子女代为投资）加上平桥区政府投入 10 万元、郝堂村村委会入股 2 万元，发展到 2011 年春募集资金达 55 万元。“合作社”以 1%的月息放贷给村里需要资金的人，用于解决村民生产经营和消费的不时之需，而将所得利息作为养老补贴每年给老人分红。

郝堂村“夕阳红养老资金合作社”虽然还有一些需要进一步完善的地方，但作为一个从解决老人养老入手构建农村内置金融体系，从而建立和完善农村集体经济自我再生的系统，可以说是新农村建设中的一个创举，也被“绿十字”在之后的一些其他项目中学习、推广、利用并不断完善。

2. 结合产业资源，搭建市场化平台

人口众多、土地有限的中国形成特有的小农经济，家谱、小农、道德、孝道形成以家为单位的特殊的东方文明，小农兴国就是在这样的一个环境下形成的。广大中国农民基本维系着孝道的价值观，土地变成他们家族与世代的生命链，过着与世无争的生活，虽不富裕但自给自足、小富即安，从来没有想过土地市场化，只有在满足了自给自足之后，才会把自产的农副产品拿出来交换、卖掉，换取一定的收入。

在“绿十字”看来，现在的乡村生产活动不再是一种简单的农业劳动，它是工、农、商一体的综合性生产活动，不仅需要劳动者强健的体魄，还需要有良好文化素养、判断能力和市场意识等精神层面的东西，一家一户、自产自销的形式完全无法适应现代农业产业及相关产业发展的需要，很难走出自产自销的小农经济生产模式，制约了农产品市场潜力，也制约了生产技术、销售渠道的更新和提升；而同时，除了直接的农产品种植、农副产品加工等传统产业，随着新乡村建设的发展，随着城市人口对美丽乡村的环境、绿色安全食品越来越强烈的向往，乡村还可以发展养殖、手工工艺，以及旅游产业和与之相关的乡宿、餐饮等更多的跨越简单农业生产的产业。因此，整合乡村农副产品、传统手工产品等资源，借助村集体、各级政府以及“绿十字”等社会力量的帮助，如对产品的深入挖掘、乡村品牌设计和推广、电商平台的搭建和电商运营培训等，构建起市场化乡村产业模式是非常重要的方法和路径。无论是郝堂的茶产业，还是之后小堤村以古枣、米粉、梁嫂发糕为主打产品的综合农业产业的发展和成功，都证明了这一点。

3. 尊重和发扬文化信仰

中国的农民是一个多信仰的群体，他们对“神灵”的敬畏不仅来自精神上的需求，更多的是来自生活生存的需要，所以决定了中国农民的多神崇拜和实用性取舍的性格，但这并不影响中国农民对“神灵”的敬畏和虔诚，以及“神灵”对农民巨大的威慑力。但从某种意义上讲，这种虔诚和威慑力在一定程度上推动了社会的变迁和历史的发展，并且约束了人们的不良习惯，从而转向正向的有价值的行为方式。

因此，“绿十字”会通过修建“郝堂茶坛”“戴维村小教堂”“醉月楼——高椅童书馆”“金山祠堂博物馆和国学学堂”等，使之成为文化信仰构建的过程和其所代表的文化精髓所在，也成为传承传统文化、民风民俗，引入现代科技、

戴维村小教堂

高椅村月光楼

文化理念，增强乡村凝聚力、增强村民自信心的渠道和场所。

4. 让经济发展与文化生活并行

发展产业，是为了生存；形成文化，才称得上生活。就像郝堂定位茶产业后孙君一直强调的，要把茶产业做成“茶文化、茶经济、茶文明”，才能让产品走出乡村，把乡村的故事讲出去，才能为乡村和村民创造更多、更好的经济效益。

“绿十字”把乡村建设看成一个完整的系统工程，要在乡村建设定位、生态环境修复、乡村硬件建设、民族文化传统、产业发展规划、乡村“软件”设计等各个方面平衡、协调、全面并行。如孙君在郝堂项目成功后所说的，“发展茶产业不仅只是为了解决温饱的生存，而是为了郝堂人能幸福地生活”，生产与生活、经济与文化，尽量达到完美的平衡。

金山村祠堂

第四章 乡建未来展望

在乡村建设已经如火如荼地开展多年之后，十九大报告中更着重提出了“乡村振兴战略”，并在 2018 年出台了中央一号文件，这使乡村建设作为一个新时空背景下的乡村社会改造活动，迅速引起了全社会更加广泛的热议以及各地方政府贯彻与落实。客观地讲，乡村振兴战略的提出，把乡村建设上升为国家战略层面去思考，无疑对解决当下中国乡村问题的根本性好转起到重要的推动作用，也是 “三农” 问题得到根本性解决的一次难得的历史机遇。

一、乡村，未来的奢侈品

（一）这是乡建最好的时代

投身乡村建设近 20 年，孙君更加深刻地认识到，孕育人类文明的乡村，有挥之不去的乡土摇篮情怀——乡愁，这是人们渴望的灵魂安放之处。越来越多的城市人厌倦了冰冷的钢筋水泥的生活空间，向往天然、温暖、自由自在的乡村生活……对于乡建来说，现在是最好的时代，因为我们的目标是一致的，政策、资金、资源等方面的支持力度都很大，给了乡建工作最宽松的舞台。孙君说，乡村终将成为未来的奢侈品，成为城市新文明的代言。在他看来，30 年后将是这样的情景：

1. 空心村为中国乡村带来希望

中国乡村逐步变成空心村，村民外出上学、务工，年轻人和文化人流向城市。不少学者与城市人批评政府剥夺了农村的资源，但正好相反，让农民回村是在剥夺农民的希望，因为农民 70% 的收入来自城市。30 年后，再回到乡村土地上的主人不是曾经走出去的农民，而是奔向农村的大学生、工人等各种城市人。城镇化在不到 20 年时间内促成乡村 20% 的耕地转化，而空心村也会转移，都市有钱人住进了乡村，城市核心区将会成为“空心城”。

2. 农村会变成新的人类家园

进入现代化建设的 30 年，城市用科学与技术掩盖了常识，城市现代化技术越强，其脆弱性越大。而 30 年后城市进入老年期，城市功能面临严重受损、维修成本过高的问题，会有一半以上的城市逐步不适合人居。所以，30 年后 30 万人以下的城市会变成首选之地，3 万 ~ 5 万人的小城镇将是人们最向往的地方。富裕起来的城市人一经跨入乡村，他们会发展人与自然的关系、人与人的关系、道德与自治之间的关系，城市人会明白生活价值——农村是家园，是生活和享受的地方。

3. 村主任比市长更有荣誉感

30 年后，乡村不再是 333 ~ 533 公顷的范围，村依然在，但可能有很多改为庄园与农场，农业机械化程度达到 60%。庄园的面积可能在 5 ~ 15 公顷之间，村里居住的绝大多数是有文化、有钱的市民，他们都在村干部领导下。在乡村里有土地、河流、林地等珍贵资源，而城市会出现就业岗位不够、环境恶化等问题。那时，城市生活指数比农村差 3 ~ 4 倍，中国正式步入“农民问题”转入“城市问题”的时代。

4. 中国传统建筑全面取代欧式建筑

中国元素已经开始蔓延西方。未来 30 年，农民房子还要经过 2.5 次重建，会一次比一次建得更能恢复本土文化，这种文化将会在若干年后盛行，建筑风格以唐宋等中式风格为主体，建筑材料会做得极为精致，超过今天的罗马柱、哥特墙。只要农民觉悟了、富裕了，这就是中国步入强大的开始。若干年后，会开始提出保护时代的文化与建筑，我们的主要工作之一，就是要保护这个建筑记忆。

5. 新一产（农业）时代的到来

30 年后，传统的农耕用具基本用不上。传统农耕文明是否消灭将由科学技术来决定，工业化生产方式与 100%的商品化生活方式，让绝大多数农村开始迅速进入到乡村城市状态，严格地说，新农村建设是对农耕文明的一次冲击，这场冲击从本质上改变了中国农民，同时也终结了城市时代的命运。

6. 女人将发挥更重要的作用

安居乐业、相夫教子、男耕女织这是中国的儒教文化，是在中国传统文化背景下形成的。女人是一个社会与家庭的母亲，是一个社会的稳定与平稳的轴心，一个家没有女人就不成家，没有了女人就失去了凝聚力，孩子没有了母亲就是天下最不幸的事，丈夫没有了女人，其事业与灵魂就失去了90%。

（二）振兴乡村，“自治、法治、德治”

十九大定了方向，“不忘初心，牢记使命”，三农为全党工作重中之重。“自治、法治、德治”，明确了乡村建设不能用城市行政手段，不能拿规划设计套用，不能用市场标准代替小农经济标准，不种田的专家与学者不能瞎指挥种田的，不能用选美国总统的方式来选村干部。“绿十字”认为，要用乡村的方法振兴乡村，重点在于两个方面。

1. 顶层谋划

选择示范村是最好的方法，为确保项目成功，第一是要确保县区领导届内任职时间的相对稳定；第二是村干部任期要长，要稳定，具有强硬作风，又有好的品德；第三是项目一定要确保两个诚信，一是支付设计规划费，二是支付施工队费用。自治、诚信、品德是乡村振兴计划的重要组成部分。

2. 规划营造

（1）调研。乡村规划设计不能只有专业的规划设计团队，还要包括乡村的产业、文化、村级治理等乡建的成员，需要乡村基层政权治理、家谱家祠修复、村庄内置金融、资源分类、规划设计、乡村品牌、妇女培训、产业重组、土壤与生态修复9个团队同时参与。乡村规划本质上以乡村管理与自治为核心，这是乡村规划设计的关键环节，前期调研越细，后期建设越简单。

（2）大规划小切入。示范村的谋划要着眼大局，一定要全域规划，为未来发展做好长远准备；而建设要立足当下，不建议大资金投入。一个村除公共建设之外，一般有300万元就可以达到改造成示范村的效果（一两个村民小组）。其中：100万元用于村庄试点户改造；100万元用于内置金融与返乡创业及培训；100万元用于农产品品牌与运营、公共活动示范，两个标准卫生间，环境卫生等。

（3）一体化乡建。乡村建设都是设计、施工、室内、景观、农田、家禽养殖一次性完成，不可以像城市分专业，更不可能像城市分段设计、分段招标，这不适应乡村建设。专业统筹、资源统筹、建设统筹、项目与政策统筹是乡村发展的主要矛盾。

（4）软件先行。乡村建设过程是村庄生态与道德修复的过程，是产业重组的过程，等建完再切入软件就迟了。9个团队要与建设并行，一体化系统进入，关键是一定要坚持村镇干部是主体。这个软件介入过程不是在教室里培训，而是在现场、在工程中、在建设中培训。

（5）运营与产业。建设后期一定要把返乡年轻人作为重要的工作对象，建设、学习、培训、参观、运营与示范户一并完成。示范村中，如果示范户项目做得顺利，政府就可以适当投入公共建设，完善示范村，总结经验，以点带面，以面带村，以村促业。

（6）完成周期。一个村的建设完成周期正常是两年时间，政府如果下决心，一年就可以，留一年时间陪伴乡村发展。项目最难的是前六个月，更难的是政府建设中的制度与程序。

二、让乡村从自然中生长

（一）美丽乡村建设先要搞清四个问题

1. 美丽乡村谁来描绘——美丽乡村的规划问题

建设美丽乡村，出色的规划设计仍然是必要条件，那么哪一方才能交出最精彩的答卷呢？政府和地方官员——易受行政意识主导；专业规划设计机构——农村大都没有充足的资本来负担高昂的规划设计费用；当地农民——基本不具备系统规划的能力。所以，需要结合几方力量、发挥各自优势。

2. 美丽乡村通往哪里——美丽乡村的定位问题

建设美丽乡村，必须先根据自身条件明确发展定位。目前，国内农村建设普遍有两个倾向。一个倾向是城镇化倾向，完善基础生活设施，兴建社区、广场等，主要提升农村的社会生活服务能力，集中发展某一产业。另一个倾向是“绿十字”提出的“把农村建设得更像农村”，在原有的基础上提升农村的生态环境，保留农村生活的淳朴气息，并提炼出属于农村自己的精神文明。

3. 美丽乡村美在哪里——美丽乡村的文化挖掘与保护问题

乡村的价值，往往在于原始的生态、特色的乡村文化、淳朴的民风民俗，传统村落是与过去物质、非物质文化遗产大不相同的又一类型遗产。它是一种具有生活生产形态、活态传承的遗产，饱含着农耕文明的深厚积淀；它是活着的、动态的文化遗产，而非静止的、博物馆式的“文保单位”，是具有社会组织结构的乡村社区。因此，乡村的文化挖掘和保护工作做好、做透，是建设美丽乡村的关键。

4. 美丽乡村美给谁看——美丽乡村与乡村旅游的关系问题

据粗略估算，中国大概有 60 多万个行政村、200 多万个自然村，那么这 200 多万个村庄是否每一个都可以建设成具备旅游水准的美丽乡村？这显然是不现实的，也是不利于整个国内乡村旅游业健康发展的。那么怎样呈现乡村的核心精神，重点吸引哪一群体入驻，发展哪一产业最为合适，一个村子在一个大的区域范围内扮演着怎样的角色，都是值得思考的问题。

（二）留住乡村，抚慰乡愁

孙君说，做了近二十年的乡村建设，我发现原来乡村建设很简单，把活儿交给农民，我们略做指导就可以了。这样传统有了，现代文化与规范要求也有了。要留住乡愁，抚慰乡愁，今天我们面临着乡村该如何去做？

（1）建房。近几十年农村的房子越建越不像乡村，越建农民生活与生产越不方便。为什么？因为是不了解乡村的设计师为农民设计出的图纸。我们需要请农民建造师、设计师一起参与，让农民参与设计自己的村庄。他们只要一出手，就带出浓浓的乡愁。

（2）种地。农民种了几千年的农田，现在不会种了，也不愿意种了。这个问题已经不是农民问题，而是城乡二元体制政策向城市倾斜、受利益导向等原因造成的。需要通过乡村建设，在引入现代管理方式、市场模式的同时，促进乡村农业产业复原，扭转这种局面，改变这种现象。

（3）规划。乡村规划，只要把权力交还给村干部，还给民间艺人，中国乡村马上就像乡村，有灵魂、有文化了。最简单的事情，我们做得极为复杂。还权于村支两委。乡建不是建设为主，也不是扶贫为主，而是系统性自治修复。要远离城市文明，拉大与城市的距离，让村干部能说话算话，让村干部责权利对等，能做到还权于村支两委，美丽乡村建设项目才能真正地激活。

（4）还村庄长治久安。村干部三年一选，取代了乡村存在多年的自然与推让制（推荐和让贤）的熟人社会、道德层面的自发的乡村民主，从另一个角度造成了村庄领头人更替带来的不稳定。为了乡村建设和发展，需要用有效的方式来平衡两种模式对于村干部队伍、对乡村稳定的影响。

（5）新农民的培训。社会在快速发展，乡村正成为城市人心中的田园之梦。对乡村建设来说，只有农家小院能安居乐业，才是真正地帮助农民，也是中国农业的正道、大道、农之道；农民庭院经营起来，才是农民的希望之道。这也是新农民培训的重点所在。

（6）让农村慢下来。慢是农业的价值，居住散落是农村的特点，温情是农民的特性、是农耕文明的中轴。这些特点只要把握了，所有的“三农”问题就显得简单了。只要农业像农业、农村像农村、农民像农民，很多复杂问题就简单了。

（7）土壤。土地是立国之本，土地是生命之源，保护土壤是几千年农业丰收的重要工作，也是新乡村建设中生态环境保护的重点。

（8）农道。几千年，农民已经掌握了农业生产的特性，当下乡村建设的生产方式中，第一任务是修复今天污染严重的土地，第二任务是养猪，第三任务是垃圾处理（资源分类），第四任务是深淘滩、低作堰，第五任务是修复生态。这也是中国农耕文明的价值、农民的智慧所在。

（9）工匠精神。雕刻、剪纸、绘画、木匠、泥作、铁（铜）匠铺等乡村民间工艺作为中国乡村社会一种特有的传统文化的表现形式，在中国乡村社会延续了数千年的历史。它既丰富了中国人的生活，也反映出了中国人审美艺术价值，也是最能体现出乡愁特有文化的东西。

（10）学校。学校在中国历来被认为是传道（做人的学问）、授业（生存的技能）、解惑（人生的方向）的地方，所以中国有一句古话叫“耕以致富，读以致仕”。耕读文化是中国传统文化的核心价值之一，重视学校教育历来是中国人的传统，与家教、私塾、学堂、乡村学校，是乡村社会的一道亮丽风景。

（三）活的乡村，新的农民

乡建最难的是与农民一起建，让农民不搬迁，不出租房屋，留住人、留住地、留住村；面对千家万户建设一个有生活气息的乡村，难的是驱赶乡愁留下心中的乡恋与乡情；最难的是让农业静下来慢下来，乡村慢下来，城市才能快起来。真的做到这一点，才是真正解得了乡愁。

最难的乡建是让年轻人回村种田，让农民忙时种田闲时待客；最难的乡建是天人合一，是富不丢猪，穷不丢书；最难的乡建是让村委会能驾驭乡村，有自治能力，有一定的经济基础；最难的乡建是让农民不要卖地卖房，也不能把世代守护的地与房拿到银行抵押。市场风险无限，农民是市场的弱者，这是肯定的。

把农民搬出村，村就成了景区；村中建过多的民俗客栈，会打破乡村的宁静，那是做生意；农田种一些花花草草，那是公园与景区；在田野上建上设施农业与现代农业，那是农业工业化。

社会在不断发展，农业也紧跟其上。“绿十字”在安徽巢湖半汤三瓜公社探索一种新时代下的乡村建设模式——农民、新农民、职业农民的探索，逐步融合一、二、三产业的缝隙，希望能打破未来城乡之间的差异，重新定位这个时代下的农民、农村与农业，也重新调整城镇化在发展过程中的重农固本之道。

乡村建设对农民有不同程度的影响，如何守住根本、守护农道，不要影响农民的正常生活，让农民可以在城乡之间自由迁徙。“绿十字”认为，保持农业自然环境下的现代化的生产方式，就是帮助农民提升生活品质，修复断裂的民俗，提高他们的生产力，让他们住上有地域特色的房子，与城市一样舒适干净，帮助他们卖出农副产品，让他们的孩子能在村里上学、能陪伴爷爷奶奶、能捉鱼捕虾、赏鸟鸣蝶舞。

这样，才是建设有活力的新农村。

三、乡建与城镇、城市

（一）如何实现农村、城镇和城市的和谐发展

城市化、城镇化、新农村建设是三个出现率颇高的词汇，在“绿十字”看来，它们相互关联却又属于不同的范畴：城市化是市域以上的；城镇化是以镇与村为单位，是城乡之间的；新农村是以村为单位。中国改革开放，城市的动力和潜力已经挖掘得差不多了，要再次拉动内需、再次推动基础设施建设，是城乡并驱往前走的一个过程，也是农业大规模走向现代化的过程，步入高效农业的过程。

城镇化和城市化不一样，和新农村建设也不一样。不仅是建城，更多的是城乡一起规划和建设、城乡统筹经营，更多的是城市的优势和乡村的优势合并，是城乡融为一体的平衡发展，是制造更多的平等就业的过程，要考虑到节约土地高效利用。城镇化的提法具有前瞻性，是聪明的做法，但在理解城镇化当中还存在很大的问题。如果不能很好地理解城镇化、做好城乡一体的总体规划设计，城镇化无一例外会出现和当年建新农村一样整齐划一、千篇一律的状况，以及一些不可预料的问题。城镇化最怕出现大量土地流入不种田的人手里，可能会不再是农田而是花园，并且极有可能再次出现对土壤、环境的破坏。养土是农民的天性，城市人不会养土也不可能养，主要目标是获利，当城市文明的价值观影响到乡村，这是城镇化对乡村最直观的伤害。同时，“绿十字”强调，不论是城市化还是城镇化，都要注意把关注点放在让普通人的生活更便捷、健康与安全上，城乡等值化是所有工作的要求，目标只有一条，就是“为人民服务”。

建设社会主义新农村20字方针“生产发展、生活宽裕、乡风文明、村容整洁、管理民主”，描绘了一幅新农村的美好蓝图。城镇化是城市化和农村现代化的重要组成部分。城市化进程中，要警惕城市病，不能把城市规模扩张作为地方追求GDP增长的主导思想，避免土地浪费；城镇是城市文明和乡村文明的融合，是连接城乡的桥梁，要走新型城镇化与新农村建设良性互动之路，这样才能使城市化、城镇化、新农村建设并驾齐驱，实现农村、城镇及城市和谐发展。

（二）城市“四化”进入农村是一种破坏

绿化、美化、亮化、硬化，被称为城市“四化”，是现在城市建设中很流

行的做法，也在逐渐进入乡村。但在“绿十字”看来，如果照搬到乡村推行，不仅不合适，甚至是对乡村生态和文化体系的一种破坏。

“四化”的提法本身没问题，但是在执行过程中没有落实好。绿化、美化、亮化，也会经历这样一个过程，初衷应该不是像现在这样，把乡村弄得像酒吧，灯红酒绿、色彩低俗。有的农村小区还做了草坪，种了花，不是不可以，其实农民们更喜欢种点菜；有的县城小区有百年的老树，本身很漂亮，认为不整齐，又锯掉栽上所谓名贵树种；有的老建筑本身很好，都把它刷白，穿衣戴帽，有的猪圈都刷白，恨不得把猪都刷白；有的在高速两边装上灯带，实则是破坏了乡村的整体氛围。

乡村是田园风光，以田为主，园作为田的补充；城市是园林，以人的视觉审美为核心，这是城市与乡村景观的区别。在“绿十字”的项目点，广水桃源村那些百年老屋、千年柿子树，宛如童话；郧县樱桃沟，废弃牛棚变身“明星酒店”，著名作家梅洁参观后的感悟是像“走进了我的童年”；还有一举成名的信阳郝堂村、五山堰河村，无疑都是乡村景观的成功范例。乡愁就体现在村庄的一砖一瓦、一花一草间，展现了原汁原味的传统风貌、田园风光，恰恰回避了所谓的“四化同步”。

所以，乡村建设不光是为了“面子”好看，更是为了“里子”舒服，老百姓过上有尊严的幸福生活，才是一切工作的终极目标。

（三）乡村与城市的结合

乡村作为一种人类生活共同体，空气清新、环境幽静、青山绿水、鸟语花香，是“河里有鱼，树上有鸟，地上有虫”，而且人际关系相对简单。

因此，对现代城市人来说，乡村既是一种联结的纽带，也是一种历史的记忆。但低效率的生产方式、简陋的公共设施、辛苦的劳作状态、贫乏的物质供给与单调的文化生活，与城市的繁华、便捷的交通、发达的资讯、丰富的物质和多样化的精神享受相比，让乡村顿感相形见绌。所以，城市生活也是乡村人的一种梦想。

在“把农村建设得更像农村”理念下的乡村建设实践，就是通过乡村与城市的结合，既保留乡村的生态——田园牧歌的环境、朴实善良的本性，又融入城市的生活元素——通畅的道路、便利的交通、高效的资讯和现代化的生活方式（照明、取暖、饮食）以及完善的教育、卫生体系。

因此，要“在生产、生活、行为、环境、社会性上突出田园特色，创造开发出村庄特有的市场价值”。要“培育美丽的乡村环境，和谐稳定的人际关系，先进的观念和文化”，从而形成一种新型农村村落形态。

四、乡建与文化产业

（一）小镇不是城市后花园

近些年，特色小镇成为热点，全国几乎都一样的特色小镇成功要素：区位、运营模式、操盘手；大规划、大景观、大文化，凭借抱团或者其他方式，形成景区级“IP”，依然可以蹚出一条道路；非经济发达地区的特色小镇，更要有大视野，主动去借势大景区，或者与当地宏观发展相吻合……但有时我们总感觉小镇在进行梦幻夜话，这还是小镇吗？事实上，很多仍是抄袭与生搬硬套的特色，无一例外让人失望。

在“绿十字”看来，中国有着悠久的历史和文化，如果我们的特色仅仅是外部文化带入小镇，与本地人的文化是两层皮，那这个特色注定是“等死”的节奏；如果只是把乡村、小镇当作城市的后花园，延续城市建设资金政策、延续地产开发的模式，把追求利益第一作为目标，注定是要失败的。

从文化内涵的角度，中国平均每 50 ~ 150 平方千米就会有不同的方言与地方语言，包括地域崇拜也有区别。不同的地域产生不同的文化，也润泽了不同人群的性格特征。豪爽的北方人、勤劳的南方人，这些特性都源于不同地区的气温与环境。

古人说“一方水土养一方人”，这就是特点。中国遍地都是文化，到处都有特色。在孙君看来，懂乡村的人，遍及文化；知农耕的人，特色多彩。文化、文明、风格、艺术还要找吗？在农民的生活中，在小镇的言语间，在中国风吹草动的风情中，这是特色小镇建设中最需要下功夫挖掘、发现、传承的文化内涵。

（二）田园城市的五项标准

通过“绿十字”多年乡村建设实践的总结，认为田园城市有以下几项标准：

（1）城市发展首先要有生态极限标准，这个标准就是城市人口不能无限制地扩张，只要超过原定人口标准的60%，这个城市的交通、供水、排水、生态平衡就全部破坏。民以食为天，食是天大的事。一个城市的大小、人口多少是以城市周边能提供多少安全食品为基础，来确定城市规划的。

（2）城市发展首先要确定动植物能否在城市生存下来，它们能生存下来，人类才能宜居，比如蚯蚓、蚂蚁、蝴蝶、地下微生物、鸟儿，只有它们活着，人才有幸福可言。这个道理非常浅显，可是很多人都没有弄明白。

（3）城市在生活和生产中没有垃圾产生。垃圾就是资源，这一点大家都知道，只要每个家庭能从家里把干湿垃圾分开，城市就没有垃圾，垃圾就成了资源，听起来很简单，但做起来并不容易，这一点在田园城市必须要做好。

（4）城市要有自身特点。每个城市要根据自己的地域文化、生态系统、生活习惯、降水量、地下水修复来建设和设计新的城市，多样性才能有稳定性。今天的城市规划简单、建筑杂乱，文化差异没有体现出来，这样的环境对人的心灵、文化、言行的伤害极大，这就如同我们在五星级酒店就不会乱吐痰，到了家里不会乱扔垃圾一样，环境污染必定引致人的心灵污染。

（5）对美、历史、文化要重视。一个城市没有文化，没有历史就很难让人对其有感情。城市中30年以上的建筑尽量不要拆，50年以上的就是城市地标，就是历史、文化，这些东西加在一起就是城市回忆。这些回忆决定了城市人的凝聚力，也会唤起这个城市人的定向文化，这个文化就是城市的灵魂。

（6）田与园不能分离，有田才能有园。城市要幸福首先是农民要幸福，乡村要安居乐业，田地里能长出好的农产品。

（三）我国农村传统文化产业的发展及对策

农村传统文化产业的开发对于加快农村的发展，推动农村的城市化进程有着重要的作用。当前，中国出现的传统文化与市场经济相结合的趋势，是一种双向的需要，这也是在党的十六届三中全会和中央经济工作会议明确的重点——围绕增加农民收入这个中心，切实解决好三农问题，就要重视农村文化产业的发展，不断提高农民的生活质量。

在“绿十字”看来，实现这个目标，需要做到两个方面。首先，政府要发挥其引导作用；其次，政府又要充分调动广大农民参与的积极性。在“绿十字”的很多项目中，通过借鉴国内外的成功经验并结合项目实际情况，策划组织节日文化产业、人文旅游产业、民间文化产业等的开发，都为农村带来了丰厚的收益并促进了农村经济的发展，加快了农村的城市化步伐。从经济发展的长期进程来看，城乡收入的过大差距必然会影响经济的进一步发展，而因地制宜地充分利用各地所具有的资源优势发展农村文化产业，无疑对于增加农民收入、缩小城乡收入差距、推动经济进一步发展具有积极而重要的意义。

（四）乡村为什么需要品牌

谈起品牌，很多人第一反应是距乡村很遥远，但随着城镇化进程不断推进，区域对于经济发展，尤其是绿色GDP的向往，让品牌责无旁贷地成为美丽乡村建设的核心。“绿十字”为乡村品牌发展的意义做了总结：

品牌，让经济发展找到生长地，村里的人经济收益高了，生活水平好了，能享受自在的生活，不用再背井离乡去城里，更不用到处砍树挖洞破坏乡土。

品牌，让自然梦想找到目的地，村外的人能够在乡村获得原生体验，返璞归真，享受宁静，全家其乐融融。这样的心境，让重复的城市生活变得更好。

品牌，在于满足和稳定人心，家乡拥有好的知名度，让更多的游客来；拥有好的环境，让更高品质的游客来；拥有好的产品，让游客走后还能通过互联网不断购买并推介。

随着时代的发展和旅游项目的丰富，来到乡村的人们已经不再满足于“上车睡觉、下车拍照”的走马观花，反而更加追求生活方式的回归和情感元素的共鸣。所有情感的凝结都在于品牌，这个符号也就是“绿十字”希望通过乡村建设实践所展现的，也是乡村人和来到乡村的人们内心所向往的。

对于做好乡村品牌的价值，“绿十字”也有自己的见解：

（1）有品牌才有独特性。当千村一貌、千院一容之时，独特性才是能够吸引人们的最重要一点，但独特性不是创造，而是表达，通过深度挖掘地方的自然魅力、人文历史，甚至每个院落的传承，然后用创意的方式表达出来。

（2）有品牌才有附加值。当酒是酒的时候，价值只是生产成本，而动辄成百上千的名酒，是因为品牌的附加值。青山绿水和农业作物也是一样，没有品牌，就没有内涵与感动；没有设计，也仅仅是自然的赠予而已。

（3）有品牌才有持续性。例如所有的工厂实体都被摧毁了，可口可乐仍然可以短时间内迅速重建。在中国，对于成功市场的争抢最为常见，模仿甚至是复制比比皆是。而唯有品牌不可模仿。乡村有了品牌，即使有很多人纷纷效仿，依然游人如织。

针对于此，“绿十字”提出的“乡建绿色生态圈”，即乡建的三个关键环节：品牌、环境与产品——品牌是整个区域的认知度与美誉度；环境是让游客体验乡村的一切，无论是景观、民居还是民俗文化等；而产品，是基于特色资源与市场需求下所打造的地方产品。这三个环节的重点打造，对于美丽乡村的成功，至关重要。

（五）如何打造乡村品牌

品牌打造是一个系统工程，品牌作为“乡建绿色生态圈”的内核，需要通过品牌的统一，让品牌、环境与产品实现高度一致，成就一个区域的整体吸引力。因此，乡村品牌打造，也是“绿十字”乡建软件设计工作的一部分。在“绿十字”看来，品牌的创建，需要从以下三个方面着手：

1. 地理品牌

关键词：文化

地理品牌，是定位这个区域的整体品牌形象，是基于对这个区域的自然风貌与人文价值深入分析理解后，所设计表现的具化形象。它不仅仅是一个标志，更是村里人和村外人对这个区域的认知符号。就像一个国家必然有国徽，一个区域也需要一个自己的精神图腾。

具体工作：地理品牌形象定位、视觉识别设计。

2. 旅游品牌

关键词：调性

环境所针对的就是旅游品牌。一个区域里，将会有很多旅游品牌，他们各具特色，又互补共生。在“绿十字”的理念中，不仅是旅游景点需要重点进行品牌打造，甚至每一座农家院，都应遵从它的底蕴，进行文化定义与品牌设计。这样，才能让游客住在不同的院落，体验到不同的感觉。当然这点同样适用于集市和集市上的商家。

具体工作：景点、酒店、院落、集市、商户的品牌策划与设计。

3. 产品品牌

关键词：创意

产品的品牌不是一个简单的包装袋就可以解决。一个产品的打造，需要先经历营销定位、名称创意、标志设计、价值梳理、文案创造，最后再进行包装设计。这样的产品才有品牌，才具有生命力，才能真正让区域资源转化成产业，造就一个富裕的乡村。

具体工作：资源整理、品牌创意、包装设计、平台建设。

五、乡建与乡村旅游

（一）不是所有的村都适合做乡村旅游

随着乡村建设红红火火地展开，乡村旅游成为热点，也成为很多人眼中乡村建设后求发展、求突破的唯一出路，但却并未出现想象中的遍地开花、大获全胜。那么，是不是所有的乡村都适合做旅游？乡村旅游一定是最好的出路吗？就这个问题，孙君给出了答案：

严格地说，传统村落和古村落更适合做乡村旅游，因为它有文化、有历史、有城市文明中最稀缺的乡愁文化；村庄民俗文化浓郁，保持较好的，也适合做旅游；自然风光和自然景观比较好，也适合做乡村旅游。总体来说，乡村只要人文情怀比较重的，具有典型的农耕元素的，都具备做旅游的可能性。但这几种村庄已经很少了，更多的农村不可能全部做旅游，这不现实。比如：部分村庄因外来文化影响而失去自身特色，这些新农村不适合做旅游；按照城市规划和设计的园林性或公园性的也不适合；近郊与城乡没有差异性的不适合；高度商业化的缺少乡村最朴实的温度和民俗的都不适合。

同时，农村也没有必要都做旅游，农村最重要的、农民最关注的不仅是旅游，更多的是关心收入增加、生活改善。无论是哪一种形式，只要能达到这个目的就可以，有的是养殖，有的是农副产品，有的是旅游，有的是外出务工，没有一定之规，不要误以为只要做乡村建设就要做农家乐、民宿与乡宿旅游。

从另一个角度看，过度的商业化其实对农村是一种伤害。表面上赚了钱，慢慢把农民从土地上剥离出来，想让他们回去都难。农村的生存方式和生活方式和城市是不一样的，一定程度上还是自给自足的自然经济，而城市完全是市场化的。什么意思呢？比如生产盘子的，他是不会自己去卖的，要进入市场，要买还得到市场去买。农民不一样，农民生产的东西，80% 左右是自己用，自己用不了的拿出去卖。农民的生存方式、生活方式与市场化应该要拉开距离。只有愈发减少农民的市场化，把农民留在土地上，并能让他们安居乐业，才是可持续的。生活的人性化、有温度的道德感、生态的优越性、品质高于城市，这些是将来推进城乡等值化的重要部分。这样的村庄，绝大多数只要政府做到基础设施、医疗、学校、养老、收入等有保障，乡村就有了较强的社会价值和市场价值，农村就不需要做旅游。安居乐业，本来就是农民心目中的终极目标。

（二）乡宿，正向我们走来

这些年，乡村旅游经历了逐步发展的过程。多年的乡村建设实践，孙君经历过农家乐、民宿与乡宿三个时代，在他看来，农家乐在渐渐淘汰，民宿正在流行，乡宿已悄然走来。那么到底何为乡宿？乡宿是指以村庄为基础，以农民为灵魂，田园为品质，传播乡村文化和乡间农、林、渔、牧生活活动，提供独具乡村乡韵的休闲住宿环境。乡宿的灵魂在于“乡”，它是体验乡村乡景、乡情、乡风、乡味的真实的生活场所。不同一般的民宿，乡宿具备十分鲜明的有香火味的乡愁与温情，是民宿的升级版。

1.“绿十字”乡宿的发展历程

1999 年，在北京延庆碓臼石（地球村）项目中，孙君参与建立中国较早的农家乐，并制定了北京市农家乐评星标准：2004 年，“绿十字”在湖北谷城县建立“五山模式”之时将一座破旧茶厂改为非本地人经营的民宿式的农家乐，也被评为湖北省第一个四星级民宿式农家乐；2011 年的信阳郝堂，2013 年的桃源村孙君工作室，2014 年的樱桃沟村 50 山居，2015 年的绵阳“花间”，2016 年的三瓜公社，2017 年的阜平“大天井沟”、贵州台江“孙君院子”等，开启了以农民为主体的形式多样的乡宿模式。

孙君认为，三瓜公社、郝堂村、台江孙君院子是未来乡宿的发展方向。农家乐是暂时，民宿只是流行，乡宿将与农耕文明一样扎在土壤之中，形成新的农耕文明的另一种形态。

2. 农家乐、民宿、乡宿的区别和联系

农家乐：农民自发、客随农便，基本上以吃喝为主体，以方圆 30 千米以内的本地消费者为主。定位是自产自销，本质上对旅游、农产品、村庄经济没有太大的作用。农家乐属于来人添一双筷子，没有人下田干活。

民宿：城市对文化与传统过度破坏，竞争让市场无情摧毁生态，于是乡村成为城市灵魂的彼岸，过于理想的文化与艺术之人是民宿的先遣队，也是乡宿的引领者。城市人把小家搬到乡村，把酒店移植到乡村。住乡村房子，聘请本地农民按城市管理模式打理民宿，非本地人消费与农民和农村并没有太大关系，只是借景（村）消费。其特点是有强烈个性与乡愁，大投入小回报，生命力极弱、声势很大，颜值比现金回报高，对当地旅游与知名度有较大影响，政府很是喜欢。

乡宿：因投入少、回报高，生命力会极强，城市文明融入有温情、有文化与道德感的乡村，关键是有城市永远没有的自然资源，成为从都市返乡的新农民与职业农民的回归，从城市返乡的乡贤与精英会形成未来中国的新阶层。这对村庄发展与市场有极大的推动，未来不到 5 年，以新农人为主体与城市人共筑乡宿，成为下一个时代与传统文化共享的乡宿经济时代。

3. 乡宿的标志和特点

“绿十字”从 2011 年开始做乡宿实验，以“一切为了让年轻人回来”为出发点，从郝堂村、桃源村、樱桃沟、三瓜公社、台江孙君院子、陈长春的姥姥家、邹莉莎的花间、阜平大天井沟、花山花香、登封知白·禅心居等的筹建，逐步在探索与完善年轻人回家的理由，经过漫长的改变与开放，渐渐演绎出有自信、有中国味的乡愁和乡宿。

乡宿的经营主体可以是城市人也可以是农民，关键是要特别鲜活、有温情的乡村感。浓郁民俗与乡愁，这是城市人到乡村最想体验的乡村生活而不是旅游。

乡宿不同之处就是能体验乡村民俗，而民俗不是做出来的，而是原本就存在。因民宿的原因，做合适的调整与改造，这种改造一切要保留原有的环境与建筑的元素与气息，而不能变成设计师与投资人的狂欢，不然就本末倒置了。

乡宿不是把城市的酒店置入乡村，不需要过度设计、过度奢侈、过度的光鲜与眩惑，更不能四处抄袭、自我陶醉，农民过日子不会这样过于表演，体现

原汁原味、适度为美，体现物质生活与精神力量的双重简约与人文情怀，是乡宿设计建造的根本。

乡宿是一种文化，需要有农民参与，需要与乡村、与农民的生产生活有互动，需要让游客真实地感受农村生活与乡愁，也期待能帮助农民提升生活品质、改善乡村环境、加快产品交流，助推乡村教育与文化生活的发展。

孙君说，乡宿是乡村文化的价值，是能为乡建、乡村、乡愁赋予的情怀，也是城市人下乡帮助农民与农村的乡建。乡村，是城市人的外婆家。

第五章
行进中的“绿十字”乡建实践

从1999年参与北京“地球村”在北京延庆县碓臼石村以垃圾分类为主题的环境教育，到2003年创办“绿十字”，并逐渐形成具有自身特点的乡建理论体系和实践模式，带领越来越多的有识之士加入风起云涌的乡村建设中，孙君和他的团队走过了20个年头，截止到2019年，先后调研和实践了近百个项目。纵观“绿十字”这些年的发展脉络，可以将其发展过程分为四个阶段。

一、乡建实践的起步阶段——走进碓臼石村（1999年至2002年）

碓臼石村，是位于北京市延庆县中南部井庄镇的一个行政村。

1999年，为了将生活环保和社区环保带进农村，以此倡导绿色生活、建立绿色社区、培育生态乡村、让环保走进生活，以推进生态文明乡村综合建设、带动城市绿色生活的城乡共生模式为宗旨的北京地球村环境文化中心（简称北京“地球村”），在碓臼石村租用187公顷山林作为环境教育基地，正式开始了北京“地球村”的乡村实践。起初，孙君作为北京“地球村”生态环保宣传画的创作者参与到乡村实践中，并从此与生态环保结下了不解之缘。后来，他被北京“地球村”环境教育培训基地聘用为基地主任，被村民们称为“村主任”，参与该项目的整体组织、策划和具体的实践活动，并和北京“地球村”负责人廖晓义和基地的宋庆华等志愿者一道，试图通过推动乡村垃圾分类、倡导以环

北京“地球村”基地

境保护为主题开展农村农家游，将环保理念推行到农民日常生活之中。

碓臼石村的乡村实践，主要是从改变当地农民的生活方式、生产方式、行为方式入手，通过建立垃圾分类清运系统，开展科普及环保宣传阵地、生态环境教育，倡导使用太阳能节能能源，推广以种植无公害农产品和恢复传统民俗文化等为具体内容的乡村实践，使村民“在日常生活中接受可持续的环境教育，提高环境意识”，并将碓臼石村打造成一个拥有特色环境、特色农业、特色文化、特色餐饮的旅游新村，一个具有中国特色的环保主义者的绿色新村，由此探索出了一个“生态保护、环境教育、乡村建设、民俗旅游”四位一体的乡村可持续发展模式。

1999 年至 2002 年碓臼石村的乡村实践，使得村民的年收入得以增加，也让这个村声名远扬。作为参与者，孙君认为主要的成功经验是发动群众、公众参与、提倡奉献，把环保融入农民的生活之中，这种有效的生活和生产方式在社会上取得了一定的成功。但同时，孙君认为，今天再来看碓臼石村，项目就不成功。我们在的时候，项目做得很成功，一切井井有条。但当我们走了以后，乡村又回到了原点。分析其原因，一方面，项目负责人过多参与了村庄事务，影响到村民的主动性和参与性。项目负责人离开后，这个项目就结束了。我们用城市和西方的思维来指挥村民建设，村里发生了变化，可又没有形成新的村规民约。另一方面，北京“地球村”带着项目资金来支持的项目，乡村和政府并没有购买我们的服务，我们与乡村没有形成一定的供求关系。

客观地讲，碓臼石村并不是真正意义上的“绿十字”乡村建设实践活动，是以环境教育与垃圾分类为主题的项目。孙君当时仅是一个参与者，是项目的基地负责人，但对后来“绿十字”开始乡村建设实践意义重大。

二、乡建实践的探索阶段——立足襄阳（2003年至2008年）

2003年“绿十字”正式成立，乡村建设实践也开始由单一的关注农民的行为方式向关注三农问题和生产、生活方式转型，通过对参与中国公益事业建设的运作模式的探索，形成了“绿十字”自身品牌的乡村建设模式——“五山模式”。

（一）襄阳市的乡村建设实践

2003年8月，受“绿色汉江环保协会”的邀请，孙君第一次踏上襄阳的土地，并从此与之结缘。这是“绿十字”真正的乡村建设实践的开始，也使“绿十字”乡村建设形成自身品牌——“五山模式”。

1. 谷城县五山镇

五山镇位于湖北省襄阳市谷城县西部，是一个脚踏县市（丹江口市、谷城县、房县）的边陲山镇，因境内有马鞍山、云雾山、邱家山、李家山、百日山

堰河村民居

等五座山而得名。

五山镇开展乡村建设实践的目的，是通过“绿十字”的参与把其优势和理念融入当地乡村建设实践中，通过村民、地方政府（包括村民委员会）与“绿十字”三方的合作，把堰河村打造成一个“乡村生态文化建设”新农村，并以此来修复乡村生态环境，发展乡村生态农业经济。从 2003 年 9 月开始调研至 2011 年前后近八年的时间，大致经历了三个时期：

堰河村茶坛

第一个时期（2003 年至 2006 年）为起步时期，也称为“生态五山”的建设时期。这一时期，主要是从改善生产生活环境入手，通过“垃圾分类”的实行，从生活方式上改变人们的生活观念，提高了人们的生活质量；通过“一建四改”（建沼气池，改水、改厕、改圈和改灶）活动的开展，从生产方式上提升人们的能力，改变了人们的生存状态；通过“五山茶坛”的建设，从精神层面上陶冶人们的情操，改变人们懒散自私的心态。通过实行“联产联地”股份制集体经济，推动村自治与自主能力，并以此提出了“走进乡村、融入生活、三方合作、开启民智、重建生态”的“五山模式”以及“知情、明理、参与、得利”的乡村建设方法。

第二个时期（2006 年至 2009 年）为发展时期，也称为“精品五山”的建设时期。这一时期，主要以建设“堰河新村”“农民之家”和“生态广场”为新的切入点，也使“绿十字”在五山乡村建设实践中进入一个全新的发展阶段，即“实现了由‘先生活后生产’进入了‘边生活边生产’发展阶段，

堰河村生态广场

目标是创新农民增收的体制与机制的改良，对堰河村传统产业结构进行调整，推动生态乡村旅游”。

第三个时期（2009 年至 2011 年）为培训与推广时期，也称为“复制五山”的乡村建设实践时期。在此时期，除了对以堰河村为中心的五山乡村建设项目向纵深推进以外，重点是对五山镇的乡村建设实践的经验与教训进行系统性的理论总结，并先后编著出版了《五山模式》《农道》《新农村建设方法与实施》等书籍和培训教材，实现由单一亲力亲为的实践方式向实践与培训相结合的方式转型，以实现“绿十字”倡导和推行的乡村建设模式“由一个村向周围村的新农村建设整体推进”的目标。

五山项目是“绿十字”最重要的，也是最精彩的、最有代表性的乡村建设实践，它的最大成果是提出了具有“绿十字”自身特色的乡村建设方法论和运作模式——“五山模式”，即“从垃圾分类入手，从小事做起，从身边做起，通过转变观念、修复环境，建立一种以自然为中心的生物圈，来谋求人与自然的和谐”。“五山模式”是通过数年的努力探索而形成的“绿十字”品牌，并通过实践证明是一条符合当今乡村建设——新农村建设需求的有效的路径和方法。“五山模式”的提出，无疑为新时期乡村建设提供了一条有益的新思路。

被污染的村庄

2. 襄阳市牛首镇熊营村

牛首镇地处襄阳市西郊，包括熊营村在内辖村委会36个。熊营村的乡村建设实践从2007年9月开始，到2008年底结束，历时一年多，以第八生产队2组为中心。

“绿十字”通过反复调研发现，每次到熊营去，第八生产队2组总是笼罩着一股臭味，这里人的口袋是富有了，却让人觉得他们极为“贫穷”（指的是心灵的贫穷、居住环境的贫穷），这种“贫穷”在深深地折磨他们，他们有了一种强烈的要改变的愿望。于是，提出了“环境的污染源于人的心灵污染”的著名观点，决定从环境卫生的整治入手，通过推动生态文明和绿色循环经济，发展集体养殖（养猪），改善村容村貌，提高人们的生活质量。具体的实践内容如下：

（1）整治村组卫生，改善村民生活环境。“绿十字”在这里做的第一件事是带领当地村民开展以修建排污渠和植树为切入点的环境整治活动，制定了“美丽家庭新乡约”。

（2）建立集体养殖基地，发展绿色循环经济。通过“绿十字”与当地政府（包括村组两级组织）的共同努力，动员村民集资100万元，建设集体养猪场。同时，计划配套建立生物有机肥生产工厂，发展清洁能源——沼气。

（3）提升农民素养，倡导村民自治。在村中对党员、村干部、村民“艰苦创业、奉献、立业”的可持续发展理念和观念的转变进行培训；组建以中小学生为主的“绿天使”环保小卫队，监督村中不文明的家庭和行为；由村民自己制定实用可行的“村民公约”，倡导“一年做一件好事”的公开栏等活动来增强村民的公共意识，并以此来建立一个以村民为主体，包括党员、干部、“绿十字”成员的阳光督促工程，并成立管理、协调工作组，建立和谐和民主的项目管理运作模式。

这是一次集环保教育、产业改良和村民自治于一体的综合性的实践探索，但由于诸多因素的影响，最终没有达到预期的目标，很多项目未能按最初的规划落实，孙君认为“是一个彻底失败的项目”。究其原因，除了人际关系复杂、项目后续资金不到位、施工质量有严重问题等，更让“绿十字”明白了每一个项目仅有上级政府的支持，没有村组干部的支持，是绝对不行的，并从此开始关注乡村自治与基础权利的建设。

3. 柿铺办事处“水淹七军”项目

“绿十字”于2006年参与了宜城市南营办事处“万洋之村”农家乐的规划和设计，于2008年参与了襄阳市樊城区柿铺办事处的“水淹七军”、襄城区尹集“田园城市”，以及南漳县九集镇新农村建设等项目的前期调研和策划。由于种种原因，这些项目都只停留在前期的调研和策划阶段，未能进入真正的实施。其中，“水淹七军”和“田园城市”是“绿十字”花费很多精力和心血的两个极具实践价值的乡村建设项目。

柿铺办事处地处襄阳市樊城区近郊，是襄阳市西大门。柿铺办事处的“水淹七军”项目，从2008年开始到2009年终止历时近两年的时间。该项目的中心在柿铺办事处韩洼村，是2008年150个“湖北省新农村建设示范村”之一。

“绿十字”与国际优山美地的马少辉联手策划了“水淹七军”项目的核心内容，即希望在该村正在开展的新农村建设的基础上，充分利用当地的三国古战场遗址和邓城遗址等人文资源，通过规划“水淹七军”项目来提升襄阳旅游与文化的示例元素，将传统的文化元素——“三国文化”引入新农村建设过程中，并结合新农村建设发展富民产业、整治村容村貌、培育新型农民等方面的内容，为人们描绘出了“生活中的三国”美景，让村民在新农村建设中得到实惠。这是“绿十字”第一次在城乡接合部开展乡村建设的实践探索，也是一次将规划理念、文化元素与“绿十字”乡村建设项目相结合的有益探索。

但由于与当地产业规划布局上的冲突，这个项目最终夭折而未能实施。孙君说，通过这个过程“开始就感觉到农村解决农村的事非常受局限，所以想在这里对这样的问题有所探索”。这是“绿十字”较早进入城乡一体化的项目。

（二）北京周边区县的乡村建设实践

在参与湖北襄阳市的乡村建设的同时，“绿十字”也在北京周边区县开展以环保教育为主题的乡村（社区）实践活动，主要包括北京城区的绿色环保行动、怀柔神堂峪村生态建设以及延庆秤钩湾村的“都市新村”。

1. 怀柔神堂峪村生态建设

神堂峪村位于怀柔区北部雁栖镇神堂峪自然风景区内，距北京城区 60 千米、距怀柔城区 11 千米，是北京市市级民俗旅游专业村、市级生态文明村。

2004 年 8 月，“绿十字”与神堂峪村合作，开始以生态和环保理念介入生态文明村建设和“流水度假村”旅游开发工作，希望通过开展垃圾分类、中水改造、民俗文化、街景街道、河流整治、民俗接待户标准制定等工作，力争打造一个全新理念的绿色建筑新概念和艺术作品。同年 11 月，“绿十字”与北京鹏发雁园房地产开发有限公司签订了《关于神堂谷项目合作协议》，并结合基地内山水的特色，围绕着可持续性、地域性、人文性、文化性、生态性的特点展开设计，力图营造一个人与自然共存的绿色家园，通过两个多月的前期调研工作，将此合作建设项目定位：

（1）由神堂谷项目开始，启动神堂峪生态村的建设，将度假村建为生态长廊的经典。

（2）在建设过程中，将项目与自然融为一体，实行对当地生态系统的恢复。

（3）通过项目推动当地乡村经济，并成为一个影响人们生活方式的生态建筑示范。

（4）使本项目成为一个休闲旅游的生态教育和环保培训基地。

但由于种种原因，怀柔神堂峪村生态建设最终未能实施。

2. 延庆秤钩湾村的“都市新村”

秤沟湾村位于北京西北部延庆县的珍珠泉乡，距北京 70 千米，是一个有着 600 多年历史的古老村落。2006 年 3 月，“绿十字”与村委会就新村建设达成合作协议。

“绿十字”在秤沟湾村开展新村建设实践的目的，是希望从保护自然资源入手，按照因地制宜的原则，通过倡导公民参与推动绿色经济，一方面增加农民收入来源和长期收益，另一方面还可以解决部分农民的就业问题，并最终把秤沟湾村建设成一个集人、自然、生态、经济、文明于一体的“都市新村”。主要包括规划制定（总体规划、道路交通规划、环卫设施规划、给水工程规划、功能结构分析图，以及设计了反映当地历史文化特色及节能的几种生态民居）和项目实施两个方面，项目主要以旧村改造为中心。

北京市延庆区秤钩湾村

同时，“绿十字”北京林业大学的志愿者制订了秤沟湾村土壤和植被改良计划，引入生态井田制的耕作机制。整个建设按照“绿十字”规划设计的农房分两个阶段进行：第一、二期举家搬迁工作分别在 2007 年和 2008 年春节前完成，公用设施配套完善，分配中采用了“绿十字”的建议，成立了以村民代表为主的分房小组、协调小组和旧房保护小组，并召开村民大会通过了由村民自主分房的决议和各小组的名单，分房工作顺利进行，并在春节前入住，没有一户上访，政府和村民都非常满意。

但是，由于建设资金迟迟不能到位，而且乡政府干部的观念未能及时转变，虽重视硬件建设、重视新村和道路建设，而对土壤改良、水污染治理和旧村历史文物价值的挖掘和保存等积极性不高等原因，后期对土壤植被的改良、生态耕作机制的建设和旧村保护等工作未达到预期的目标。

（三）江西鹰潭龙虎山镇九渊遗址村项目

项目以西源（陆家）村为中心，位于鹰潭龙虎山景区龙虎山镇西南角10千米左右，距鹰潭15千米，一条直通龙虎山道教名胜上清宫、天师府的公路从村口经过。西源（陆家）村是南宋著名理学家陆九渊后裔世代所居的地方。陆九渊，南宋金溪县人，曾讲学于象山（即应天山），所以人称“象山先生”。陆九渊是与朱熹同时代的理学大师、中国“心学”的创始人，主要教授四书五经，并传播其理学思想。明代王阳明发展其学说，成为中国哲学史上著名的“陆王学派”，对近代中国理学产生深远影响。

2005年12月，孙君应邀前往鹰潭市，并开始了“绿十字”在此近一年的、主旨是在江西鹰潭龙虎镇的西源（陆家）村开展“农村道德与文化建设”的乡村实践活动，即“以挖掘传统文化与道教文化相结合的历史文化资源，开展历史名人陆九渊故居村落的保护，建设一个人与自然和谐的，生态、旅游、文明为一体的‘九渊遗址村’的新农村模式”。这种模式的核心，在于保护自然资源，挖掘历史文化，推动平衡发展，倡导公民参与；在于建立一个以鹰潭市旅游为主体的、儒道与生态为一体的经济运作模式，一个以动物、鸟类、昆虫为生息的“生态井田制”的新产业结构群，一个以旧村保护、新村建设为主体的新农村试验。

按照“绿十字”的规划，在西源（陆家）村的乡村实践分为两个阶段：

第一阶段是基础设施（村容村貌）改善与改造。在改造过程中，“绿十字”遵从以现有的环境为中心，以人适应自然、尊重自然为原则，在建筑与树木之间、新旧建筑之间，在为人设计的同时也为其他的物种、鸟类和野生动物建造出它们的家园。这些改造与建设主要包括：老村进行的保护性的恢复，即以遗址村房型为主题，对从宋元明清到中华人民共和国成立之后的20世纪50年代、80年代、21世纪初的不同时代的房屋进行改造调整。建立历史遗址文化旅游村。同时，对现代住房进行调整，在生活方式、生产方式进行渗透，重点是调动公众参与。

第二阶段是对当地产业结构的调整。主要是完成生态环境与绿色产业、绿色旅游产业的调整工作，建立以村为单位的部分集体经济股份的合作社，同时对农田进行“生态井田制”结构调整，对农业基础配套设施进行建设改造，以及对村民进行建筑、果园、有机农业、环保、民俗、旅游等方面的人才培训。通过挖掘传统文化的文化历史资源，对环境、文化进行整体调整，实现传统文化的重建，打造特色旅游品质。

但由于项目资金未落实，很难有实质性的推进，这个项目最终未能按计划实施。

（四）广西阳朔大河背村项目

兴坪镇为广西阳朔县四镇之一，是全县最大的镇，项目主要在大河背村（自然村）展开。大河背村原名龙蟠洲，是兴坪镇渔村村委所属的一个自然村。它位于渔村东北部——漓江最美的兴坪地段，因形似一个完整的乌龟背，又有美丽的漓江环村状若碧龙盘绕，故又名龙蟠村，生态保持极其完好。据阳朔县志记载，该村约建于1507年（明朝正德年间）。现村民多以农耕、种植果树、饲养甲鱼为主，兼有部分农户开有农家客栈，提供散客旅游接待等。该村拥有机动游船十几艘，为游客提供去九马画山、渔村和阳朔等方向的水路旅游。

大河背村的大榕树

“绿十字”在大河背村的乡村实践始于2007年7月，历时一年多的时间，其宗旨是“同心协力、开启民智、三方合作、天地画廊”，目标是通过开展城乡一体的土地股份制的新农村探索，“绿十字”西部新农村实践与理论培训基地、建立多物种的景观与果品的产业结构，以及建立兴坪镇农家乐评定标准化试点、国家环保局新农村建设环境保护体系试点和城乡卫生与生态建筑的示范区等，把这里打造成一个生活简约、公众参与、城乡互动、生态资本化、发展平衡的新渔村，从而建立一个以休闲度假和生态为主题的新农村建设模式、一个政府、村委会、村民与绿十字的合作机制。

在这个项目中，除了开展广泛的社会调查和村民参与能力培训以外，“绿十字”将改良产业结构作为一个重点。鉴于大河背村以第一产业为主，第二、三产业落后，全村只有零星几家农家乐，且为家庭式运作方式，属原始初级阶段，缺少规范化的现状，“绿十字”计划与村委协同建立“生态农业与绿色有机果园示范区”，创建中国第一家由非政府组织认证的“绿十字食品标志”；实施“旅游与农家乐的产业化开发”，建立体现文化与生态统一性的服务系统；对村民进行包括饮食、技能、果品改良、生态农业等在内的系列培训。

但是由于企业投入的资金少，且要以最快的速度见效益、见回报，项目没有政府支持，企业也不愿为村里继续提供项目资金，所以原计划用时三年（2008年至2010年）的项目，最终只进行了一年多的时间，在2008年底就提前结束了。

（五）浙江安吉“生物圈C（3号）”项目的策划

2006年6月，孙君应邀前往浙江安吉考察生态环境，并与安吉县环保局、县生态办公室谈成项目合作协议，开始了“生物圈C（3号）”项目的策划活动。

项目是以生态文化为主体，以发展生态产业为纽带，以建设生态宜居为亮点，以构建乡村和谐社会为目标，以生态学思想为指导，把政府对发展的需要、专家对实验的需要、企业对效益的需要、农民对改善生活的需要，组成一个互惠互利的系统。其核心是通过“参与、民主、和谐、文明”的方式形成一个“农民、企业、政府、专家四方合作”的机制。安吉生物圈C（3号）项目，是一个非常有创意、需探索的生物圈项目，它的出发点是关注环境、关爱安吉。它是相对美国建于亚利桑那州图森市以北沙漠中的一座微型人工生态循环系统——生物圈2号（Biosphere 2）提出的。

安吉生物圈C（3号）项目计划分三年时间（2006年至2009年）实施。项目的中心区在横山坞村，整个建设实践包括自然能源和新能源建设的互动运作，开发原生态景观型的田原乡村的实践，建立多物种的景观与果品的产业结构，新农村实践培训基地，生态系统与生物科技的产业示范，中国非政府组织实践与理论培训基地，共同组建“安吉县横山坞生物圈C经济合作社”，建设村民民主管理的本土模式，乡村生态建筑的示范区，建立政府、村委会、村民与“绿十字”的合作机制，建立“后新农村”的未来城乡统筹发展的基础理论等11

个方面，最终达到提升生态文化，推动公众参与，维持一个长期稳定的专家群体，创造农民、企业、政府、专家四方合作的持续机制和传播最先进的生态理念，展示最鲜活的绿色经济的目标。

由于政府主要领导调动等诸多原因，这个项目最终流产而未能实施。

三、乡建实践的发展阶段——走出襄阳（2009 年至 2011 年）

在这一阶段，“绿十字”的乡村建设实践开始由单一的建设实践向建设实践与系统化的理论总结相结合转型，并首次完整地诠释了“田园乡村”“文化乡村”和“自治乡村”的乡村建设实践的理念，在反反复复的成功与失败过程与结果中渐渐地形成具有“绿十字”特色的乡村建设模式复制与推广的简明方法——“快餐法”。

（一）襄阳乡村建设实践的持续

湖北襄阳市作为“绿十字”乡村建设实践的发祥之地，其乡村实践一直贯穿于“绿十字”乡村建设的全部过程。因此，“绿十字”继在谷城、宜城、樊城和襄城等地之后，又在保康、南漳等地开展新的乡村建设实践。

1. 保康歇马镇的旧村改造

歇马镇位于湖北襄阳市保康县南部，因三国时期关羽驻守荆襄，巡边至此歇宿而得名，是保康南部连接外部县与市的交通重镇。在歇马镇的乡村建设实践，从 2009 年 5 月至 2010 年上半年，主要从事两方面的工作：

（1）集镇街道垃圾分类和资源回收。

以集镇街道为中心开展垃圾分类，是“绿十字”由农村社区垃圾分类向城镇街道垃圾分类转型的一种尝试，“绿十字”通过成立街道社区环卫志愿者组织和设立街道垃圾回收、分解处理中心来解决集镇街道的垃圾问题，从而既可以减少垃圾处理量和处理设备、降低处理成本、减少土地资源的消耗，还可以形成新的产业，因而具有社会、经济和生态三方面的效益，其现实价值极为明显。

“绿十字”的这次集镇街道垃圾分类的目标，是通过 2 ~ 3 年的时间，让垃圾分类的理念深入全体居民和村民的心中，由最初的政府行为最终变成老百姓的自觉行动。通过观念的改变和机制的创新，建立起一个由源头（居民和村民）到中间环节（垃圾分类与回收工人）到处理终端（垃圾回收站）组成的有效的垃圾分类、收购与处理的循环系统，把歇马镇打造成一个山区型的农村垃圾分类的可复制的示范乡镇。

（2）农村旧房改造。

这是为了配合当地政府开展的以整治农村村容村貌为主题的新农村建设而展开的，其特点是建立贫困县兼偏远山区的旧房改造的方法，也是“绿十字”的“贫困山区新农村试点村”项目，目的是尝试实践山区新农村建设模式之一，是想通过加强信息传递的手段，促进农村人民生活观念的更新，努力克服不切实际、求大求洋的工作惯性，构造一种简单的、生态的山区特点的生活模式，而施行一次有效的实践。

“绿十字”认为，目前中国农村的生存环境、生活环境、生产环境都面临着巨大的发展压力，农村的教育、文明、医疗、社会保障、法律意识等问题也都不同程度地遇到了各种困难。所以，他们希望通过“贫困山区新农村试点村”项目的实施，改变以往口号先行的发展模式，摒弃“先生产、后生活”等不切实际的空洞教条，以求真和务实的诚实理念让老百姓得到改善生活的实惠，实现产业生态管理，体验田园生活，建立山区园林家园。

在这一过程中，“绿十字”、地方政府（包括村委会）和村民分工协作：“绿十字”负责提供新农村建设发展的整体思路——制定村庄整治发展规划，提出经济发展方式、资源分类的建议以及旧房改造的原则与形制，即提供各具特色的房屋改建图纸；地方政府负责宣传发动、人员调配和资金筹措；村委会负责具体的施工组织；村民则提供义务协助。此项目是以旧房改造为中心的乡村建设实践，以歇马镇的韩家坪村、三坪村为试点村，又以三坪村为重点先期开始，并于 2009 年 5 月正式进入实施阶段。通过旧房改建项目的实施，这两个村的 667 户（共 2459 人）成为第一批直接受益的农户。

客观地讲，“绿十字”在歇马镇的乡村建设实践，是一次以村为单位的小规模乡村建设实践向以乡镇为单位的较大规模乡村建设实践转型的尝试，对“绿十字”乡村建设也是一种极限上的突破和行为能力方面的考验。但由于种种原因并未达到原来的预期目标，孙君认为这个项目“完成 30%，属于不成功项目”。

乡村田园风光

2. 尹集“田园城市”项目的策划

尹集位于襄阳市襄城区西南，是襄阳市区承东启西、对接南北的桥头堡。“绿十字”介入尹集“田园城市”项目从2009年正式开展社会调研开始，到2010年项目策划与计划书（初稿）出炉结束，历时两年左右时间。

所谓田园城市是以田园为依托，以城市定位为终极目标的新型的城市发展模式。按照霍华德的定义，田园城市是为健康、生活和产业而设计的城市，是一个兼有城市元素——现代化的资源要素配置、环保化的产业集群空间、人性化的政府服务理念、完备化的公共管理与服务体系，以及城市化的生活水准的新型综合体，并具有乡村特质——拥有田园牧耕、苍翠的青山、自然流淌的河流，简约而不饰雕琢，淡泊而略显质朴，是理想的人居、生产与生活的场所。城市四周为农地环绕，把农田、水体、森林作为绿地景观引入城市，力求在这里居住的居民都能极为方便地接触乡村空间，是一个人与自然、自然与产业、产业与人居环境和谐共生的理想空间。在这种模式中，人与自然、生态与经济、社会与集群处于一种良性的互补状态，从而最终实现人与自然、自然与经济、经济与社会、社会与人共存共融。

田园城市项目正好与“绿十字”的专业和理念相符，因此，“绿十字”希望能在争取和利用国家土地等有关政策的支持下，按照统筹城乡产业布局、基础设施、社会事业发展、社会管理和公共服务、生态建设和环境保护的原则，

桃源村石头房子

开展在完善城乡基础设施、产业发展、劳动就业、社会保障、公共服务、生态建设等建设方面的探索，力争用 3 ~ 5 年让尹集乡在全市率先实现城乡一体化的基本目标，建成一个吸纳聚集 5 ~ 10 万人口，以苗木花卉产业、文化产业、观光农业、旅游业和商业地产等为主导产业，既有现代城市功能，又保持田园山水风光的“尹集田园新城”，使尹集成为市区的一个相对独立的组团和卫星城。

尹集“田园城市”项目可以说是“绿十字”在襄阳市继“五山模式”后又一次花费巨大心血和精力的乡村建设实践的前期探索。但由于与地方政府在理念上存在歧义，这个项目最终未能得以实施，属于没有进行的项目。尽管如此，但它为后来湖北枝江市“绿色问安”项目与在山东临沂市费县方城镇的“田园城市”的实施奠定了理论基础并积累了实践经验。

3. 南漳李庙鱼泉河村的乡村建设

鱼泉河村是襄阳市南漳县李庙镇的一个行政村。2009 年 10 月，“绿十字”与该村村委会签订合作协议，共同开展“以创建绿色农村和旅游名村为主的山区新农村建设试验区”的乡村建设实践，建立“一个既有楚文化地域传统特色，又有现代时尚文明元素，集花园、庭园、乡村、生态和山水于一体的文明新村”。

整个建设实践过程计划从 2009 年 10 月到 2010 年 12 月，以通过旧村改造来达到提升旅游产业品质、加速发展旅游经济的目的，重点规划该村的旅游产业升级的未来发展方向和发展策略，并确立了旅游产业开发的原则，即“统筹规划、分步实施，以生态旅游为主题，以楚文化为背景，以康体运动为突破口，实现效益优先的目标”。强调在开发过程中要突出三个重点、三个坚持，即“突出鱼泉河漂流亮点，突出三国文化、楚文化、古山寨群的历史文化特色，突出野外探险、科考等特色项目；坚持保护生态、实现可持续发展，坚持传统特色与现代理念结合，坚持打造具有楚文化内涵的旅游品牌。在这个基础上对现有设施进行改造，力争通过 2 ~ 3 年把鱼泉河村建设成襄阳乃至中西部生态游、休闲游的集散地、康体运动中心和农家乐旅游星级示范村”。

由于项目只得到了市委统战部的支持，没有得到南漳政府的支持，始终没有列入南漳整体旅游规划，加上资金不足等因素的影响，完成了一年内的计划后就未能继续推动。每一次的失败，都留下很多经验与反思。这个项目让孙君开始注意到项目实践中，行政权力机构在项目中的重要性。

（二）四川德阳、成都的乡村建设实践

2008年的“5·12”汶川大地震改变了当地人的经济与精神生态，为“绿十字”参与德阳市的灾区重建和成都市的新农村建设提供了契机。这也是“绿十字”介入灾后重建特殊时期的特殊要求，让乡村规划与设计逐渐成为“绿十字”的特点。

1. 渔江村重建中的乡村建设实践

渔江村是德阳市什邡市（县级）洛水镇的一个行政村，也是 2008 年四川

渔江村村标

“5 · 12”大地震中受损严重的村子之一。2008 年 6 月，“绿十字”正式进入该村开展灾后重建前的社会调研，10 月与地方政府签订了合作协议。

“绿十字”在渔江村的实践活动分为两个阶段。第一阶段是在“南都公益基金会”支持下第一次组建灾后重建规划与设计工作室。在上海李连杰“壹基金”的资助下参与当地灾后基础设施重建规划的制定。其中，2009 年 4 月，

渔江村的水

渔江村民居和小菜园

与“壹基金”合作开展“壹基金绿色家园”项目建设，项目团队设计和编辑了包含水文化、三星堆文化、川西民居文化、农耕文化、奇石文化等住房建筑元素的《5 · 12——灾区渐进式重建建房图册》，面向灾区群众与政府机构分发并用于培训和宣传推广，完成了村总体规划，并先后开展了四次共计千余人次的灾后重建培训，为当地的重建工作奠定了很好的基础。之后的第二阶段，协助北京支援灾区重建施工队开展该村基础设施重建。同时，为使村民灾后重建信心和谋生计发展，“绿十字”组织村镇干部和灾民代表赴湖北五山镇堰河村考察“五山模式”，并积极联系旅游方面的专家开展灾区乡村旅游的探讨。

对于“绿十字”在渔江村灾后重建中的乡村建设实践，孙君在后来的总结中说道：“项目完成 100%，有成功有遗憾，还有说不出的苦衷。”比如，城市元素太重，援建建筑遗留了一些户型单一、缺乏乡村元素问题，并因震后多户人口情况发生变化等为后期的入住和商业运作带来了不便等。但无论怎样，这个项目总体上还是成功的，其原因主要是市、镇、村三级政府形成了很好的合力，这是灾区做项目的基本要求。

2. 秦家坎重建中的乡村建设实践

秦家坎是四川省德阳市绵竹市（县级）遵道镇的一个行政村，也是“5 · 12”

秦家坎村民居

秦家坎村农田、菜园

大地震中受损严重的村子之一，2008 年 6 月，“绿十字”进入该村，开始长达两年多（2008 年 10 月至 2011 年 5 月）的灾区重建中的乡村建设实践。

秦家坎的重建分为两个阶段。第一阶段是以基础设施建设为主要内容的灾后恢复与重建：一方面针对农民对重建中资金不足和建筑规划设置对重建没有信心的疑虑，提出了“分步实施永久性重建住房的‘渐进式’住房计划”，通过制作简单易懂的村规划图册（村庄规划图和单体建筑物设计效果图），开展包括村干部和村民代表在内的全方位培训，来重树灾后人们对基础设施重建的信心；另一方面，在做规划设计时强调文化元素的注入，在保留当地绵竹本地元素的同时，注重四川蜀汉文化元素地融入。第二阶段是以环境保护和经济发展为中心的持续发展方式的探讨，其目标是引导村民改善生态环境，发展特种种植，为解决村民的生计奠定基础。由于重建速度很快，以及某些经济原因，一些文化元素与历史没有及时融入民房之中。

孙君认为，秦家坎项目“是‘绿十字’第一次被村委会‘请出’村社。”原因是灾后重建和发展生产的资金来自境外基金会，他们提出资金要按“公正、公开”方式，提前到发到村民小组。结果资金半年也未到位，村民之间不信任，最后上访、写人民来信。问题扯来扯去，“绿十字”后被请出了村社。村支书主动提醒孙君说，西方的“公平、公正”不适用于中国，不适合熟人社会，可惜孙君当时听不进去，结果被村书记印证了。

3. 成都彭州小鱼洞重建调研

小鱼洞镇是成都市彭州市（县级市）所辖的一个乡镇，2009 年 12 月初，“绿十字”受邀参加“5·12 灾后社区综合重建与防灾减灾”研讨会，并先后多次前往实地考察调研，最终决定与当地政府合作开展城乡结合地灾后重建中的乡村建设实践，通过两个阶段进行。

第一是调查研究阶段，主要是针对灾后基础设施基本恢复后如何找到让灾区人民尽快恢复生活和生产的方法与出路。调研主要围绕“产业与生计”和“乡村统筹与田园城市”两个方面展开，提出了“彭州市田园城市”的初步构想。

第二是规划与实施阶段，决定以大楠村为中心启动，并将此次实践定位为建立“成都市‘大楠田园社区’试点展示区”和“公众参与下的一、二、三产互动式社区发展模式”，建立“新时期下的大楠村村干部管理考核机制”和“以合作经济为考核制度的村民自治的社区管理机制”。

但由于村干部信心不足，项目又向后推迟，依然只能停留在前期的乡村调查和实践规划之中。

（三）湖北枝江问安镇的乡村建设实践

在枝江市的乡村建设实践，是“绿十字”十余年乡村建设实践过程中的一个重要转折点，标志着“绿十字”的乡村建设实现从以村为单位向以乡镇为单

问安镇自然风光

位的乡村实践转型，也正式组成绿十字规划与设计，以产品形式得到政府的购买。“绿十字”把理念传递给政府与专家，由他们来执行，这个过程严格来说，是实践向理性的转化，由单一的、亲力亲为向实践与培训相结合、推广与复制相结合转型，由零散的实践过程向系统化的理论总结转型，并首次完整地提出了“田园乡村”“文化乡村”和“自治乡村”的理念，是“绿十字”乡村建设实践走向成熟的重要标志。

问安镇景观

“绿十字”在枝江市的乡村建设实践，从2009年12月开始。问安镇为湖北省枝江市下辖的乡镇，是一个有着悠久历史文化的名镇。“问安”之名最早始于三国时期，据记载，因刘备曾住于此，关羽、张飞常到此地向哥嫂问安，后人在此立庙“问安寺”，并由此得名。“绿十字”在问安镇的乡村实践，以关庙山村、高速二线和集镇为试点，来建立和推动以镇为核心的新农村建设的进程，计划用5年时间完成预期的目标。

“绿十字”在问安的乡村建设实践过程中，明确提出了“把农村建设得更像农村”的指导思想，并确定了问安的乡村建设实践的总体目标：①建立一个集农园、庭园、公园（遗址）、生态和汉水于一体的展示现代农耕文明的新农村；②完善村民自治体系，建立健全村干部考核制度；③一年试点，两年总结经验；④镇村并举，镇村一体，重点发展一产与三产的发展模式；⑤培训一支由本地党校、农村文化工作站和社区工作者组成的师资队伍，其在未来作为本地的培训老师，作为稳定的项目人员，全力以赴跟踪项目、指导项目，以专家的要求来培训本地老师；⑥建立关庙山村“农村垃圾分类系统”

问安镇民居

的运作模式；⑦建立政府、农民、非政府组织的三方合作机制；⑧以关庙山遗址为核心，把新农村建设试点与旅游、有机农业结合起来，建立一个有复制价值的试点。同时，进一步提出："试点镇建设坚持换旧貌与建新点相结合，着力建设人与自然和谐相处、产业与生态相得益彰的'田园乡村'。深入挖掘关庙山农耕文化内涵，借鉴三国文化元素，推动民俗文化传承，着力建设现代与传统兼容、传承与发展并重的'文化乡村'。通过脱产授课、现场参观、例会讲学、专家驻村等方式，引导农民转变观念，增强珍爱家园意识，改变不良生活习惯，建立农民自觉参与、村务管理民主的乡村。"

整个实践过程分三个阶段实施：

第一阶段为试点探索阶段（2009 年至 2010 年）。以"一镇（问安集镇）、一村（关庙山村）、一线（高速公路沿线）"为工作重点，实施村庄环境整治，完善村民自治体系，建立健全村干部考核制度，达到村民自治、管理民主、和谐发展的目标，积极探索符合问安文化和特色的新农村建设的道路。

第二阶段为复制推广阶段（2011 年至 2012 年）。通过不断总结和完善试点的工作经验，推进"一镇一村一线"的全面纵深发展。积极推进朱家湾、袁码头等条件较好的新农村建设，初步完成新农村建设整镇推进的战略，使全镇新农村建设规模达到 80%，形成镇村并举、镇村一体、第一产业与第三产业共同发展的模式。

第三阶段为深入提高阶段（2013 年至 2015 年）。以问安镇关庙山遗址为核心，把新农村建设与旅游、有机农业结合起来，建立一个具有复制价值的试点。同时，打造问安镇系列农产品品牌，以文化、环保、绿色和文明来增加农民收入。在完善全镇新农村建设工作的基础上努力提升全镇的建设水平，实现全面综合协调发展，基本实现新农村建设 20 字目标。

具体做法：第一，从培训入手，提升当地干部群众参与新农村建设的信心与水平，由"绿十字"与问安镇政府协作编写一套切实可行的、文件式的新农村建设的培训教材——《新农村建设方法规划》，以当地党校为基地举办"农民参与的新农村建设方法入门"的封闭式培训，并在此基础上建立一套以村为中心的新农村建设体系，以便加速新农村建设的整镇推进；第二，规划先行，制定明确的乡村建设实践路径；第三，整治村庄环境，改善经济发展条件。

对于在问安镇的乡村建设实践活动，孙君评价说："这样一个整镇系统性

诸满村鸟瞰图

诸满村规划图

的项目，规划、有机农业、旧村保护、新村建设、乡村旅游、村干部培训等一体推进，是有准备的新农村建设。第一年基本完成了70%，有了很好的示范价值。第二年是复制与调整。通过项目可以看到，只要方向正确了，速度再快一点也没有问题，若是方向错了而速度也快就可怕了。这个项目中，‘远方网’的宣传、旅游推介和三色源公司的有机水稻试验非常成功，使‘绿十字’的项目有了纵

诸满街效果图

向性的突破。团队精神开创了‘绿十字’发展的新局面。”同时，他也提到了实践过程中的困惑：“从项目开始我们强调项目的复制源于理论与研究，而目前此项目在理论与复制方面依然面临着问题。”

（四）山东临沂方成镇的乡村建设实践

方城镇原属临沂市费县，2011 年 1 月并入临沂市兰山区。2010 年 1 月，“绿十字”开始了在方城的乡村建设实践，主要集中在方城集镇和诸满村。其中，历史名村诸满村是“绿十字”乡村实践的中心地点，目的是用村庄文化与历史来推动“田园方城”的实施。

诸满村是唐代著名书法家、军事家、政治家颜真卿的故里，是方城镇的一个行政村。“绿十字”在这里的实践计划分为三个部分：

（1）整顿村庄环境，重建曾经的诸满历史文化名村。“绿十字”做了整体的村庄建设规划，将诸满定位为历史文化名村，即充分发挥颜真卿故里的历史人文优势，通过拆迁建设，村容村貌集中整治，在诸满村中心地带打造诸满特色新村、诸满特色商业街，恢复明清时代“诸满街”繁荣盛世，营造村民文明新风；同时，在诸满新村的核心位置规划出 7.1 公顷的文化区，用于修建颜真卿故居、颜真卿纪念馆、双忠祠等，突出历史文化品位。

（2）改善生产条件，发展特色农业产业。通过整村迁建行动，对集约的 47 公顷土地进行集中复垦，改造为耕地，利用现代农业科技进行土壤改良、引入有机农业技术，促进农业增效，并转变农民生产方式，实现规模化、产业化种植，发展生态观光农业。

（3）推进城乡一体，提升生活品质。通过在方城镇集中建设有20栋楼房的诸满新城区，将500户年轻人搬迁到新区集中居住，并完成了方城镇规划说明书，方城镇规划平面图，华泉文化一条街的效果设计图，旧村遗址区、文物遗址区及标志性主体效果图，乡村建设民房设计图10套，旧房改造与门前环境户型示意图6套，以及大面积有机农业改良与观光农业规划等工作。

整个诸满村的规划与设计由“绿十字”自己的设计团队完成，得到了各方的高度评价，并开始进入实施阶段。可以说，通过这次乡村实践，实现了建立一支“绿十字”专业性的规划设计队伍的愿景。在实践过程中，遇到前所未有的问题，镇政府领导调离、政府过度干预、政府政策不能及时出台，加上拖欠施工队工资，以致项目失败，并把一个历史名村拆得七零八碎，这个教训非常惨痛。

（五）河北迁安地区的乡村建设实践

“绿十字”在河北迁安的乡村实践主要集中在赵子店镇，该镇区位优越、交通便利，京秦铁路横贯全境，客货运服务便捷，距秦皇岛、京唐港不足90千米，形成3分钟经济圈。

2010年6月，“绿十字”开始进入赵店子镇，把乡村实践定位为“田园新钢城，店子莫高窟”——一个“以人与自然的和谐为前提”的全新的乡村实践，并提出实现这一定位的“关键是从规划开始，新的城市在规划时就要打破城市和农村的界限，在产业上要把城市和农业融为一体，用经济的形式、用城乡互动的平台，把城市建设用地与农业耕地融为一体，做好城市生活污染与农田灌溉系统转化，变污染为资源”。同时强调，迁安有历史和文化，这是一个城市文明与素质的体现，规划一定要纳入文化元素，融入生产、生活中去。

“绿十字”在赵店子镇进行规划设计主要围绕三个方面：①建立城市生态平衡系统；②建立具有北方地区特色的“新莫高窟”时尚商业区；③建立一个既有田园生态（保留农业，发展观光农业）又有现代城市元素（发展、建设现代钢城）的都市园林生态产业集群区。

尽管整个工作进展很慢，整体过程亦未能如预期所言，没有落地，但“绿十字”对这个项目寄予了很大的希望。因为这是由农村转向城市的过程，也是一产向二产发展的过程，未来向三产转型。所以这里的规划与建设应该定位在钢铁和乡村，要体现转型，转型就是特点。这是对迁安市城乡一体化有价值的实践，它是未来中国城市化发展进程中的必然之路，它更是解决目前城乡二元矛盾的一次探索，是未来城市和乡村共同的梦想。

（六）河南信阳平桥区的乡村建设实践

2010 年 12 月，“绿十字”对平桥区五里店办事处的郝堂村、平桥区的陆庙村和罗山县董家寨鸟类自然保护区进行了考察，并确定与河南信阳平桥区政府合作开展新一轮的乡村建设实践，主要涉及水利交通、生态环境、乡村规划、

郝堂村荷塘

郝堂村一号院

郝堂村养老院

民俗文化、健康与生计、可持续教育、有机农业、乡村自治、金融互助、乡村旅游、合作机制、乡村岗位培训、乡村建设教育培训等诸多内容。其目的是通过项目的系统实施，“将中央新农村建设的精神具体化，成为推动解决三农问题的典范”。

“绿十字”将在这里的乡村实践定位为探索政府、村委会、社会力量合作建设新农村的机制，完善以农民为主体的新公民试验区的试点，建设河南省农村改革试验区的示范村。目标是还权于村委会，让农民把权利与责任合于一体；建立村民共同体下的集体发展模式；完善以孝为中心、以村为边界的互助养老的金融模式。

第一期实践的地点在平桥区五里店办事处的郝堂村。2009 年 10 月，在河南省信阳市平桥区人民政府的支持和河北大学中国乡村建设研究中心李昌平、贾建友的指导下，平桥区郝堂村“夕阳红”养老资金互助合作社在该村挂牌成立。“夕阳红”养老资金互助合作社的收入主要用于老年社员的养老。通过创建社区养老资金互助合作社，为探索解决我国农民面临的“养老与信贷”两大难题做出了有价值的尝试。郝堂村“夕阳红”养老资金互助合作社的成立，也是“绿十字”选择这里作为平桥区乡村实践的实验场的一个很重要的原因。

“绿十字”规划从建设以茶文化为核心的有历史感的现代新村；建设以村民为主体、以资金合作为核心的综合性的村社一体化合作经济组织；跨越工业文明，建立一、三产业互动的农耕朝阳产业；建设河南省五里店现代有机茶、原种茶景观示范区；城乡建设与区域可持续发展；创建五里店新家园资源分类中心系统；创新和健全新时期村干部管理考核机制等10个方面开始郝堂村的乡村实践。这些定位都确定在农民不能失去土地、土地不能市场化、土地不是农民的剩余财产，而是农民基本生产资料的基础上。

孙君在“失败与成功的收益”一文中这样评价：“在项目中与李昌平先生一起完成‘乡村农民共同体的组织形式’，建立‘以村为边界的乡村养老互助合作社’，以解决新农村建设中的资金短缺的问题，同时解决农村自己解决自己的发展问题，挖掘项目的内深动力。项目实施过程中，‘绿十字’用案例和现实的形式对目前新农村建设与众多政府、专家和学者的不同观点进行一一论证。同时完成了‘绿十字’乡村建设的理论，完善并推动中国乡村规划设计院（简称中国乡建院）的成立。中国有近8亿农民，中国也是农民大国，可是中国没有一个专业化的为农民做规划设计的机构，这也是‘绿十字’想做的事。”同时，“项目做到平桥，思考的问题越来越细，关注的范围越来越宽，合作团队也越来越多，对这件事似乎有较大把握，对项目的预见性也比以前准确”。这个项目前期做了大量的基础性工作，关键是这群人把这项工作看成事业，视为一生的梦想，所以工作从一开始就进行得很有节奏感，定位高。通过此项目，基本打通了乡村建村之道，又开始筹建“农道”等服务，以便推动乡村建设。这也是“绿十字”乡村建设收官之作，此后转向乡镇、县区的城镇化的实验之路。

四、从软硬件并重到突出软件（2012年至今）

（一）“客店水没坪，洞里贵妃人”项目

客店镇娘娘寨村位于国家级风景名胜区——湖北大洪山风景名胜区腹地，坐落在中国长寿之乡、湖北旅游名镇钟祥市客店镇东部，紧邻湖北旅游名村赵泉河村，身处国家4A级景区黄仙洞景区内。水没坪是娘娘寨村的一个村组，是首批入选湖北省绿色幸福试点的村庄之一，村庄远远看去仿佛回到了几个世纪以前，特别像传说中的桃花源，有许多年代久远的土坯房保存得比较完好。这里的村民80%都姓杨，自称是唐玄宗的贵妃杨玉环的后裔，说当年为了躲避战乱，躲进了这个深山老林，娘娘寨也因贵妃杨玉环而得名。

水没坪民居

应湖北省鄂西生态文化旅游圈、湖北省发展与战略规划办公室之邀，以及钟祥市客店镇政府的委托，“绿十字”对水没坪村组进行整体文化、旅游和产业规划与建设，项目时间从 2012 年 7 月到 2014 年 6 月，希望通过“绿十字”

水没坪自然风光

的规划和实践，在保护环境、保持原村落的古朴与自然的基础上，让广大村民的生活和生产得到根本改善，让娘娘寨步入良性循环的可持续发展道路。为使项目文化气息浓厚，将项目名称从“水没”改作“水墨”。

项目建立了林场、村镇和“绿十字”联合工作制度，计划从环境改善、传承盛唐遗风、贵妃醉茶下午茶的开发与体验、优势旅游资源的挖掘和提升等几个方面开展工作。

由于该项目是以乡镇政府为支持主体，没有得到县市的全力支持，因此资金有欠缺，造成项目进展比较缓慢。新村规划、旧村改造、特色民居和农家乐改造都在进行中。

（二）“草海幸福小镇·银龙”项目

项目由招商局慈善基金会牵头，贵州省毕节市威宁县草海镇政府与“绿十字”合作，通过在银龙村建设“幸福小镇”，为贵州省乃至全国新农村建设提供扶贫项目的示范。时间从 2012 年 9 月开始。

草海镇为著名的贵州高原上最大的淡水湖泊——草海湖湿地所在地，有多种属于一、二类珍稀品种的鱼和鸟，自然条件优越、生物资源丰富，蕴含着巨大的经济价值。村民几十年来恪守不吃鱼、不打鸟、救伤鸟的传统，在生活中遵循爱鸟护鸟的一贯做法，保持草海地区人、鸟、湖三者和谐共处的良好景象。

威宁县是招商局的扶贫对象，草海镇银龙村幸福小镇项目是招商局集团为改善该村村民生活条件和居住环境而实施的一项民生工程，共投资 5000 万元。银龙村是一个极为贫困的村庄，有 8 个村民小组，但是这里的人们生活态度乐观、豁达，有致富的愿望，希望更多的人关心他们、帮助他们，让明天会更好。

项目定位于保留银龙村田园风貌，计划制定系统规划，协调资源分类和生态环境保护，开展草海保护区的鸟类保护，对乡村旅游实施保护性开发、构建农村养老互助基金、培育合作经济、增加村民收入等方面，并通过对村民和干部进行参与式能力建设、资源分类管理和方法、茶文化、农家乐、客栈服务等方面的培训，创新和健全新时期村干部管理考核机制，出版相应的项目成果和景点介绍资料等来实现。

在项目执行中发现，受大环境的影响，草海附近农民的心态发生了变化，觉得种了粮食、蔬菜大多被鸟吃了，收成无几，不如出去打工挣钱；草海挨着

银龙村民居

城（草海镇），城挨着草海，景区与城市融在一起。围绕在草海镇及周边的土木工程开展得热火朝天，植被减少，机器轰鸣，道路改扩建；游人增加而且不注意环境保护，银龙村背后新建的万人职业技术学校白天高楼耸立，夜间灯火闪烁，都对鸟儿栖息和生存构成威胁。按照当前的开发建设力度，草海生态环境已经超出承载能力，鸟类的生存压力将进一步加大，这是项目面临巨大的挑战。项目进行中途"绿十字"停止合作，原因是与招商地产的乡建理念不一致。城市化与地产开发对原生态与乡村形成了威胁。

（三）樱桃沟村旅游发展项目

樱桃沟村位于湖北省郧县开发区，是一个花果成林、满眼绿色的标准山区小村，基本保持了原生态的面貌，但垃圾、污水任意倾倒，环境卫生不佳，需要整治。

借助鄂西生态文化旅游圈"绿色幸福村"行动计划，2012年9月，"绿十字"联合远方网、河南天禾园林绿化有限公司、中国乡村规划设计院入驻樱桃沟村，本着"把农村建设得更像农村"的理念，对樱桃沟村的乡村环境整治、房屋改建、景观修复、旅游策划、美食挖掘等方面进行全方位的规划建设，强化生态概念，突出旅游主题，恢复和挖掘当地多种民俗文化，打造国家南水北调源头的生态

樱桃沟村景观

型乡村旅游典范，建成中国最美乡村。该村旅游发展的策划和实施由合作机构远方网承担，“中国乡建院”和河南天禾园林绿化有限公司负责建筑和景观的修复，“绿十字”负责做好环境整治和推动村资源分类工作。项目实施时间从2012年10月开始。

在樱桃沟的整治、修建中，以“看得见山、望得见水、记得住乡愁”为出发点，建设不劈山、不砍树、不填塘、不改河道、不破坏环境的生态樱桃沟，以建设天人合一、安居乐业、“外修生态、内修人文”的樱桃沟为主旨；同时，该村樱桃的种植面积达200公顷，独特的地理环境和土壤气候条件，产出的樱桃粒大肉厚、色泽鲜艳、入口甘甜、享有盛名，也成为开发樱桃沟旅游的有利条件。

近年来，乡镇相继投入资金1500多万元，修建了连接樱桃沟的景区道路、旅游交通指示牌、樱桃广场、停车场等基础设施。2013年3月在郏县政府及郏县经济技术开发区领导的统一部署下举行了首届樱桃沟赏花旅游节，成为樱桃沟旅游产业发展的重要节点，旅游节期间的多种活动大幅度提升了樱桃沟的乡村旅游文化品位和影响，整个活动期间游客接待量突破了10万人次。此后旅客年接待量逐年上升，于2016年年底前实现全部脱贫。

同时，为了推进村集体经济的发展，“绿十字”推进了年轻人参与的集体电商建设和“孝亲养老互助合作社”的建立，为最终在樱桃沟村建立一个由总社与分社构成，集产业、金融、养老于一体的双层多功能的乡村经济发展共同

樱桃沟村五零院

体组织形式，实现少富与共富同步的均衡发展目标。

随着樱桃沟的发展，不仅打开了旅游产业的知名度，也获得殊荣无数。2012 年樱桃沟村被评为“湖北省生态旅游名村”“湖北省文明村”，2013 年被评为“湖北省休闲农业示范点”、湖北省首批“绿色幸福村”之一，2014 年 9 月被国家旅游局授予“中国乡村旅游模范村”称号，2014 年 10 月被授予“全国生态文化村”称号，2014 年 11 月 15 日入选国务院、国家旅游局和农业部评选的 60 个“中国最美村镇”之一，同年 12 月 11 日在湖北省首届“荆楚最美村镇”评选活动中荣获“十大荆楚最美乡村”称号，2015 年 6 月荣获省环境保护政府奖和“中国旅游金奖”以及“中国最美田园”等荣誉称号，2015 年 6 月 8 日樱桃沟村的照片出现在意大利米兰举办的世博会中国馆，2016 年度被授予湖北省“最具影响力十大美丽乡村”称号，2016 年 9 月在农业部中国美丽休闲乡村评选中被选为全国 40 个特色民居村之一等。

（四）“世外桃源计划——乡村文化复兴”项目

由湖北省广水市两圈办推介，湖北省发展战略规划办公室支持，“绿十字”与广水市武胜关镇人民政府合作实施该镇桃源村“世外桃源计划”项目，项目以 2013 年 1 月开始，计划实施一年。

桃源村村标

武胜关镇桃源村是广水市绿色生态环境保存较好的一个乡村，是民政部命名的全国“美丽乡村”试点村和湖北省首批建设“绿色幸福村”的试点村之一。主村落由200余座建造于百年以前的石屋组成，基本没有什么现代建筑，石头砌成的房屋、小院，土墙、石墙、石桌、石凳，石头夯实的小道、拱跨，还有石磙、石碾、石井、石灶，牛羊归圈的石栏……民风古朴、小桥流水、林木茂盛、古树参天、鸟语花香的田园风光尽收眼底。更为独特的是2万多棵柿子树遍布村落与田园之间，其中百年树龄的柿子树就有600多棵，别具特色，被专家称为“柿子谷”。石头房和柿子树，是这里的重要象征。

该项目在广水市委市政府领导指导和各局办委以及镇政府的协调与支持下，确定了“风貌自然、功能现代、产业绿色、文明质朴”的发展规划定位，建设理念是“看得见山，望得见水，记得住乡愁”，力争把桃源村打造成全国绿色生态幸福村的示范点。项目从生态环境修复、村庄环境整治、农耕文化传承、古民居保护和修复、村庄景观建设、推广有机农业、建立农民产业互助体系入手，大力发展乡村经济共同体，建立养生和养老机制，激发村民参与乡村建设的热情，促进原生态村落的保护与发展，逐步建成生态环境优美、产业特色鲜明、农民增收致富的生态旅游村落，促成本土外出的成功人士和知识分子返乡，与老人孩子共享幸福和谐，同时成为城里人宜游宜居宜养的世外桃源。

在项目的实施中，市直各部门集中整合项目资金，“绿十字”引导政府下

桃源村一景

属各系统的人员，让他们发挥项目志愿者的作用，积极投入桃园“绿色幸福村”建设。为了充分调动各方的积极性、促进项目的推进，由湖北省发展战略规划办公室徐新桥主任创新提出了5个双主体的试点模式，即：责任“双主体”（村民委员会、乡镇政府）产业“双主体”（农民合作组织、战略投资者）操作“双主体”（村民小组、农户）支持“双主体”（县政府、省直部门）技术“双主体”（国内外顶尖专业设计团队、农民为主体的专业施工团队）。这些“双主体”均以前面一个主体为主。

在项目实施中，一方面，外修生态通过植树造林、退耕还林和水系修复，建设围绕“千年柿子谷”“千亩桃花坞”，形成阳春三月赏桃花、金秋十月品甜柿的美景。另一方面，垃圾分类工作与省“万名干部进万村洁万家”活动结合开展，资源分类的理念已被大多数村干部和群众所接受，农户从源头实施干湿垃圾分类，并已形成生活习惯。同时，完成了水库除险加固、河道修复工程与拦水坝，古民居改造、产业基金互助、有机农业开发等基本达到目标，农村新型医疗养老保险全覆盖，还指导村民制定了好操作的“村规民约”。

为改善农民生计，增加他们的收入，探索产业发展和可持续的经济发展模式，协助村组建了桃源村农民合作总社，并设有茶叶、生态农业、鑫桃源、林果、原种稻等5个分社，由此创造了更多的就业机会，不少外出的年轻人返村创业。

桃源村先后被评为“全国美丽宜居村庄”“荆楚十大最美乡村”等，并被纳入“中国传统村落”第三批保护名录。2016年8月桃源村被评为中国“十佳美丽乡村”。2016年桃源村依托百年石屋、千年柿树等自然资源，开发民俗文化、农耕文化特色旅游项目，打造风景独特、功能齐全的旅游目的地，年接待游客量达15万人，高峰日接待游客达3000人以上，已成为广水市周边人气最旺的旅游目的地。

至此，“绿十字”基本有一套成熟的乡村建设方法，郝堂村项目之后开启以村委为单位的实践与理论、方法与培训的乡村建设状态。

（五）“英雄梦·新县梦”规划设计公益行

河南新县是中国的革命老区，有红军故乡、将军摇篮之美称。第二次国内革命战争时期，先后诞生了红四方面军、红二十五军和红二十八军三支主力红军，孕育了许世友、李德生、郑维山等43位将军和50多位省部级干部，留下了刘伯承、邓小平、徐向前、李先念等老一辈无产阶级革命家的战斗足迹。因此，新县红色遗存众多，有国家级重点文物保护单位7处，省级重点文物保护单位16处，还有革命纪念地365处。

新县植被覆盖率达91%，森林覆盖率79%，河溪纵横、峰秀水清、石奇洞幽、庙古松奇，有连康山国家级自然保护区、九龙潭景区、香山湖国家水利风景区、金兰山国家森林公园、郭家河枫杨景观带、凤凰山等名山秀水和著名景观，又

新县田铺大湾民居

新县田铺大湾风光

有西山寨、白云山等雄关险隘。

新县有厚重灿烂的历史文化，民歌文化、豫南民居文化、农耕文化、饮食文化、服饰文化等民间艺术特色鲜明。村落的民居建筑多就地取材，周河乡西河村西河大湾、毛铺村的古民居群保存比较完整，是明清时期豫南民居的典型代表，八里畈镇神留桥村丁李湾的古民居始建于元代初期，形成于清嘉庆中期，2012 年入选住建部第一批传统古村落名单。

郝堂村之后，“绿十字”接受的第一次以全县为单位，全域规划与旅游的实践，就是河南新县。2013 年，“绿十字”受河南省新县政府邀请，组织中国建筑与设计的公益志愿者发起“英雄梦 · 新县梦”规划设计公益行活动。新县成立了相应的执行机构，邀请 12 名专家学者担任项目顾问。项目的宗旨是凝聚来自国内外各领域专家们的智慧，以弘扬红色历史、推进生态建设、挖掘地域文化为抓手，以城镇规划、产业发展、乡村建设、垃圾分类、资源再生、土壤修复、古村保护、文明宣导、禁白禁塑、健康教育为切入点，以各方专家全程免费服务、新县动员全民参与为主要组织形式，整合各种优势资源，外修生态、内修人文，通过 3 年左右的时间，打造出 “一城三线”精品旅游线路，并以点带线、以线带面，向全县辐射。

活动开展以来，先后有 100 多名专家学者和设计师、600 多名助手助理和志愿者，义无反顾地参与到规划设计公益行活动中来，把凝聚着心血和汗水的规划设计方案，全部免费赠予新县，长期指导新县建设、规划并监管项目的具体实施，体现了奉献老区、热心公益的责任担当。

2014年8月1日，在“英雄梦·新县梦”规划设计公益行活动一周年之际，来自全国各地的100多位设计专家、当地政府及相关专业的志愿者们聚集一堂，在河南新县举行“英雄梦·新县梦”规划设计公益行周年纪念活动——中国红色旅游和古村落保护论坛。

2015年12月住建部公布第一批田园建筑优秀作品，新县周河乡西河村粮油博物馆和村民活动中心荣获一等奖。2016年4月7日至8日，2016中国（新县）乡村复兴论坛在新县西河物粮油博馆举行。同时，西河村还入选国家级“传统村落名录”，被中国古村落保护与发展专业委员会评为“中国景观村落”，被评选为“全国生态文化村”“全国旅游示范村”以及河南省“最美乡村”等。随着西河村知名度的提高，全国各地游客慕名而来，仅2016年国庆假期游客就达10万人次，实现旅游收入200万元。2016年5月9日，在人民日报社举办的“健康促进与创新发展”为主题的高峰论坛上，新县被健康中国组委会授予“中国健康县”的荣誉称号，还被授予中国“食育示范县”称号。

（六）“美丽远安”全域景区化项目

远安县隶属于宜昌市，位于湖北省西部、宜昌市东北部，是黄帝之妻的故里，为楚文化发祥地之一。远安地貌特殊，同时具备丹霞地貌和喀斯特地貌，全县风景秀美，矿产品种多、储量大，森林覆盖率高，且水源丰富。

远安金家湾小木屋

2013年11月26日，县政府与“绿十字”签订了战略合作框架协议，2014年3月，项目正式启动，成立了“全域景区化建设工作领导小组办公室”，按照景城一体、产城融合的思路，把全县当作一个景区来谋划经营，让各项建设与全域景区化建设统筹推进、协调发展，实现全县是景区、处处是景观、村村是景点、人人是导游的目标，推动产业建设、经济提升和城乡一体化，推进全域景区化建设步伐，促进经济发展方式的转变，被省领导誉为美丽荆楚的典范。“绿十字”被聘为项目总顾问，联合一些专家学者和规划设计单位组成一支专家志愿者队伍，对远安县行政区域内景区景点的布局设置和基础设施建设进行规划指导，重点推进花林寺镇金家湾、茅坪场镇龙河村青龙湾、两河村和武陵峡项目。项目虽然只有局部（金家湾）落地，可是对绿十字从乡村转向县域规划设计来说，收益与教训匪浅。尤其是如何与政府沟通，以及程序、合同、执行等方面得以全面提升。

“绿十字”及其合作团队对该项目全域景区化、花林寺镇金家湾、茅坪场镇龙河村青龙湾、两河村那些年和武陵峡所涉及的规划最终方案于2015年7月已提交全域办，但因县委人事调动等原因，项目暂停。

（七）“农道·永远的陈家沟”项目

陈家沟位于河南省焦作市温县赵堡镇。明洪武年间，山西泽州人陈卜迁至该村，因村中有一条南北走向的深沟，随着陈氏人丁繁衍，该村更名陈家沟。

陈家沟太极拳祖祠

陈卜善武艺、精拳械，曾设武学社于村中，开始陈氏世代习拳舞械之风，发展至明朝末年，按阴阳转换之意取名太极拳，之后逐步演变出“杨、武、吴、孙”等诸大流派。太极拳能护身健体，是中华传统文化的瑰宝，代表了中国传统文化，但是作为其起源的陈家沟却由于缺乏文化与思想基础，影响力极其有限，且成为一个相对落后的村庄。

2014年8月，温县政府与“绿十字”达成合作意向，正式开展陈家沟项目。在陈家沟村对老村进行改造建设的基础上，由“绿十字”主导，按照信阳平桥区郝堂村的发展模式进行规划设计，到2016年初，规划设计方案已完成。

2016年4月22日至8月31日，“中国·陈家沟太极文化旅游体验季”活动举行，邀请世界太极拳名家走进陈家沟、文化名家采风陈家沟、中外青少年游学陈家沟、陈家沟太极杯微电影创作、太极拳网络纪录片开机等特色鲜明的文化活动同时启动。同年4月，“绿十字”宣传大使又到陈家沟，进行了为期一周的宣传活动，期间组织成立了陈家沟绿色少年组织，孩子们的环保行为成了拳乡最动人的风景，进而带动整个陈家沟民风向更绿色、更和谐、更文明方向发展。

但由于县委政府两个主要领导同时调离，此项目进展比较迟缓，项目只完成了1/3，很是可惜。

（八）再活500年的“高椅村的故事”

高椅古村位于湖南省怀化市会同县高椅乡，苗、侗、汉族混居，是湖南省迄今发现的一处规模较大、保存较完整的明清时期古民居建筑村落。无论从古民居建筑群落的地理分布还是建筑的形态特点，以及内部结构与周围山水园林、地形水系的关系，都有着极具特色的人文形态，有着极高的旅游开发价值。85%的村民为杨姓、侗族，系南宋浩封“威远候”杨再思的后裔。村落以五通

高椅村风光

高椅村建筑

高椅村风光

庙为中心，呈梅花状分成5个群落，有自明洪武十三年（1381年）至清光绪七年（1881年）连续500年建造的古建筑104栋，建筑面积19 416平方米。被专家誉为“江南第一古村”“古民居建筑活化石”“古村落发展建筑史书”“耕读文化完美典范”“民俗博物馆”等。高椅村，因其三面环山一面临水，地形宛如一把高高的太师椅而得名，附近可以游览鹰嘴界自然保护区、绝壁溶洞、小溪飞瀑，故有湖南“小张家界”之称。

古村建筑整体布局按梅花状排列，巷道与封闭式庭院呈“八卦阵式”将古村分成了5个自然村庄，道路纵横交错，宛如网状，进入村中，如入迷宫，令人找不着出路。正是由于地形地物复杂，几百年来，这个村子从未受过土匪、强盗的骚扰。房屋建筑式样优美多姿，现仍保存有很多的丹青墨宝、石雕、石碑、镌刻等艺术品。2002年5月高椅被正式获批为湖南省重点文物保护单位，2005年6月被列为全国第六批重点文物保护单位和全省历史文化名村，2007年6月入选第三批中国历史文化名村名单。

这是“绿十字”第一个古村落项目，于2014年12月正式启动。计划整合县各局委办的资源，改变干部观念，还权于村支两委，保护古村落，建设村民共同体，推行“532”共同致富模式，即：50%农户搞农业，提供有机农副产品，如粮食、家禽、蔬菜、水果等，创建自己的品牌；30% 农户搞度假酒店或民宿，农户自住与酒店客房的空间即要分离也要有共享空间，客房强调舒适感与品质，旅客可以获得原汁原味的乡村度假体验，并且农户由度假管理公司管理，要在四星级以上酒店培训与实习；20% 农户提供综合性服务，比如搞接待、小商店、小超市、理发、卫生站、洗涤、提供餐饮等，以妇女、老弱病残等弱势群体为主。此外，通过乡村面貌的改善、产业模式的改变、综合实力的发展，引导年轻人返村创业，走集体致富的道路。

“绿十字”重视当地传统文化的修复，每次去现场都要检查上次提出整改方案的落实和完成的质量情况，并带领干部、设计和施工人员在现场做示范，提高工作效率和整改进度，工作方法受到大家一致的好评。

项目由县各部门大力支持，有清华大学、古村保护机构、中央美术学院、中央民族大学等近 10 支专业队伍和专家团队的技术保障，到 9 月完成了如下任务：①老村落概念性修复规划；②新村建设规划设计方案；③主街立面设计、照明及重要节点设计方案；④新、老村示范民居设计方案各 5 种；⑤完成景观设计方案；⑥高椅旅游专项，含景区旅游线路规划及游客分流方案；⑦新 / 老村道路、照明、绿化、亮化、给排水、垃圾处理等配套基础设施规划方案；⑧环境治理、产业发展培训和指导。

2015 年 6 月 18 日，高椅村“弘孝”养老资金互助社成立，其意义在于唤醒中国数千年的孝文化，不仅确保了老人的养老依靠，也为集体经济的壮大指明了方向。希望通过项目实施增强高椅吸引力，使年轻人从外出打工转变为回家创业。

醉月楼作为文物保护利用的先行试点，将一层作为儿童图书馆和动画片放映室，二层

高椅村灯笼

作为古村书屋和村民农余活动中心，以期通过老房子活化，让儿童从小接受文物的熏陶，认可遗产的价值，让公众真正意识到遗产就在身边，而且与自己的生活密切相关，从而实现古村的可持续保护。

2016 年到 4 月，高椅村乱搭乱建的小棚小屋进行了拆除，完成一期 16 栋古建筑维修、一期消防安防工程，二期 59 栋古建筑维修也已完成 60%；同年 6 月中旬，“绿十字”会同县领导到高椅村检查项目进展，规划设计项目大都从图纸上落地。新村建设中，小学、幼儿园、卫生院、菜市场、停车场、村委会（在旧村位置导入新村建设范畴），以及政府、宿舍楼、家属楼、接待大厅等旧楼改造与新建，这部分工作于 2016 年完成。至 2017 年 3 月上旬，村资源分类中心建成。这个资源分类中心可谓全中国最美的资源分类中心。

“绿十字”从普通村落进入传统村落、文物保护村落，使项目研究深度、内涵、建筑、传统等进入更深层次的阶段。

（九）金山村美丽乡村——姓氏文化产业（金山莲颐）项目

郴州市汝城县土桥镇金山村位于热水镇和汝城县城的交界处，是一个具有交通优势、水系优势、民俗优势、自然优势的自然村。村里以叶姓、卢姓、李姓居多，其中叶姓占村民人数一半以上，各个姓氏累计拥有 6 座明清古祠堂，

金山村鸟瞰

金山村祠堂

被誉为“中国古祠堂之乡”。金山村的宗庙祠堂是中国中部地区保存最为完整、延续性最好，没有发生过人为或历史大面积断裂的姓氏文化的代表，汝城独特的宗祠文化在金山村得到充分体现。位于坎上、坎下组的叶氏家庙敦本堂始建于明代弘治至嘉靖年间（1488 年至 1528 年），建筑面积 178 平方米，清乾隆二十五年（1760 年）第一次维修，道光元年（1821 年）、民国时期（1927 年）均进行了维修，整栋建筑由朝门及家庙构成；位于上巷、下巷、界下组的卢氏家庙（南楚名家）叙伦堂，始建于 1606 年，建筑面积 366.8 平方米。上述两所家庙在 2013 年 3 月，被国务院列为第七批全国重点文物保护单位。

县委县政府与“绿十字”于 2015 年 7 月签署合作协议，合作时间两年，为金山村打造姓氏文化产业，进行规划设计、建筑设计和景观设计，规划主线为：①以农耕文明为主体，内种五谷，外植荷莲，形成以安居乐业为目标的农业模式；②以宗祠文化为核心，内修伦理，外树道德，让理学文化融入金山村的生活之中；③以古民居建筑群为中心，内置现代家具品质，外延传统营造艺术，解读金山村新的旅游与产业模式；④以激活村民凝聚力为重点，内置农民养老互助，外推环境资源分类，激活村民自治，重建村民乡村经济共同体。

其中一个重点是把宗祠文化当成一种产业来做，要把祠堂整修好并赋予更多的使用功能。在对祠堂的修复与改造的设计中，对不同的祠堂赋予不同的文化理念和主题，卢氏的叙伦堂以婚庆为主题，李氏的陇西堂以家谱的宣传与展示为主，叶氏的敦本堂成为国学讲堂，成立了金山书院等，加强了各个祠堂的

金山村荷塘

金山村民居

金山村街道风光

功能性，弘扬了传统文化，增强游客的参与性和观赏性。

另一方面，汝城是理学家周敦颐著就《爱莲说》的地方，荷花是汝城的县花，所以给项目定名“金山莲颐”，寓意古祠堂与茶香交汇，以及展现对周敦颐“出淤泥而不染”品格的敬仰。项目规划种植莲花 80 公顷，主要发动农户种植，以实现富民富村的目标。该产业还引入金山古村文化旅游开发有限公司投资，并成立金山白莲产业开发专业合作社，采取公司 + 合作社 + 基地 + 农户的模式，借鉴江西省广昌县的莲花种植经验，并聘请他们的专业技术人员现场指导，使荷塘既是景观也是产业。

金山项目开展后，金山村已成为 3A 旅游景区，成为游客到汝城的必来路线，是农村建设有代表性的地方，有新农村的味道。2016 年 2 月，金山村喜获湖南省颁发的“绿色湖南——秀美村庄建设示范村”荣誉称号。

金山村祠堂

（十）“排扎廊桑，云中苗疆”项目

台江县是国家领导人的精准扶贫试点县，是世界上苗族人口最集中的地方，有“天下第一苗县”的称号。排扎村位于贵州省黔东南苗族侗族自治州台江县排羊乡，辖三个自然寨。在乡党委、乡政府的引导下，村两委积极向各上级机关争取项目资金，截至 2011 年 7 月，已经将联户道路全部硬化完成，并且将一组进组公路 1400 多米硬化完成，总投资超过 100 万元；共投资 10 万元为村

排扎村自然风光

民修建稻田养鱼池、种植莲藕1公顷。截止到目，前村委及村党支部共荣获各种奖项10余个。

2016年8月下旬，台江县与“绿十字”正式签署了合作开展“排扎廊桑云中苗疆”项目的协议。随后，“绿十字”及协作团队、聘请专家等先后到排扎村进一步考察，并对干部和妇女代表200多人就农业产业、资源分类、有机种植、村民自治、养老互助、市场培育等方面进行了培训；在考察期间与县委、县政府各局委办进行了沟通和座谈，收集各自需要的资料，确定了由县委副书记为主的项目领导班子；开展环保讲座、捡拾垃圾等活动来宣传和树立环保意识，实施环境整治从传统化迈向科学化的转型等工作。

2017年7月31日，排扎村“孙君院子”建成开业。“孙君院子”是村接待中心，是一个样板房、一个民宿示范点，从外观来看木质的整体结构与整个苗寨的建筑风格相互辉映，内部房间是复式的结构，楼上为卧室，房间内的坐榻、洗手间都十分有苗族特色。木质结构、苗族风格再加上点睛的设计，让“孙君院子”在排扎村自然、和谐地存在。进村的外来人员都会选“孙君院子”作为用餐和留宿点，通过运营“孙君院子”，将村里妇女培训成民宿管家，带动村民就业和村内农产品消费，也带动了村子旅游业的发展，现在已有不少村民将自己家改造成了民宿。

“孙君院子”属于排扎村“三三三计划”示范建筑之一，也是打开排扎村扶贫与农旅之门的探路石。所谓“三三三计划”，第一个“三”就是对60%的民房进行厕所、厨房和养殖场所的改造（简称“三改”）；第二个“三”是“三改”之外再改一两个房间，做乡宿或苗房，苗房是妇女开展绣花、蜡染或者其他手艺的空间，有一些营业功能；第三个“三”是建村接待中心或茶楼式村卫生间改造等。实行“三三三计划”每个村（组）能得到100万元的补助，对于房屋改建和示范建筑基本上就够了。

“孙君院子”意义有五点：一是建造的过程与县委和中组部挂职领导有较深的沟通，厘清渠道，找到方法；二是与村干部和村民有深度合作，包括开业仪式等，走近苗族与了解苗族是需要过程的；三是院子建完就能营运，三个村里的妇女管家之前在“绿十字中国好农妇培训基地”（绵阳花间）经过20多天的培训，毕业后完全胜任“孙君院子”的管理和服务，前期营运还得到湖南农道公益基金会的资助；四是让村民看到虽然原来苗族房子很漂亮，但他们的房子可以更美丽，在功能、舒适度、实用性上有了明显的改进；五是村庄游客多了。“孙君院子”仅运营8个月就盈利2万多元，让村民惊喜。院子住不下，吃也困难，我们把更多的客人安排到村民家，惠及乡亲。由于“孙君院子”的示范作用，7个月后全村88户、80栋民居建筑，新建、改建报名有62户，其中有两户就是“孙君院子”的两位女管家。

扶贫最难做的第一步完成了，现“绿十字”软件团队全面介入，为年轻人回家做前期的准备，年轻人是生产力，只有他们回村，村庄才能充满活力。而有了软件，硬件才有价值。经过多方努力，2017年10月22日，排扎“夕阳红”老年协会成立，并在排扎股份专业合作社下成立养老资金互助合作组织。养老资金互助是排扎“内置金融”的起步，使村老人的养老得到充分保障，在排扎美丽乡村建设推进中也必将发挥重要作用。

“绿十字”乡村建设的“111计划”即硬件、软件与营运，是“绿十字”扶贫的标准，也是乡村建设三部曲。计划用一年半完成三步；留半年调整空间。从一个村组向一个村或者一个乡镇过渡，两年完成脱贫与扶贫计划基本任务，第三年推广与复制由本地乡镇干部负责，“绿十字”全力协助。让农民建设农村，让小农经济成为农业的标准，让村干部成为真正的主人，排扎村将进入脱贫和不再返贫的时代，并逐渐迎来农旅时代。

排扎项目是精准扶贫而介入，这个项目是建立在“阜平扶贫”“三瓜公社”“清农学堂”基础上，推动了绿十字“千百十”乡村振兴计划，也比较系统性地把一、二、三产融入脱贫与反贫，乡建与农旅有了更加系统的方法和路径。

（十一）“美丽小堤，风情古枣”项目

“小堤”项目，位于河北省邯郸市邯山区河沙镇，包括小堤村、马堡村和南街村在内，是邯郸市邯山区“冀南名镇文化片区”特色打造中的一个代表，得到各级领导对美丽乡村建设的大力支持，他们认同“把农村建设得更像农村”，

小堤村村标

马堡村老年乐园

小堤村铸造厂

小堤村戏院

小堤村枣文化长廊

打造“让鸟回来，让年轻人回来，让民俗回来”的美丽乡村的理念，于2016年9月上旬与“绿十字”签订了美丽乡村建设的合作协议。“绿十字”介入主要是从事软件建设，包括资源分类培训、农妇培训、女红培训、电商和网络销售培训、有机种养殖的培训与农副土特产品的设计和开发，“绿十字9000标准”的推广，进行环境修复，建设产业发展体系、文化复兴体系和村民自治体系，推动农业合作社的建设，提升农村集体经济的实力，启动自助养老和村资金互助机制，发挥党员在村民中的模范带头作用，强化村支两委的骨干地位，增强村庄的凝聚力等。

小堤村遵循不砍树、不毁绿、不拆房、不占田、不填塘的原则建设，保护和发掘当地历史、文化传统元素，通过建立“枣博园”，打造“小堤千年古枣”美丽名片；修复平汉战役晋冀鲁豫军区一纵指挥部的旧址，作为红色旅游基地；将500年历史的老铸造厂修缮后，恢复成观赏性的生产工艺园等落地实施，使小堤成为邯山区“美丽乡村”的代表。同时，小堤村的农村经济比较发达，村民也很有商品意识。传统女红扎染房，利用植物染料、纯棉土布制作各种产品，是“绿十字”的女红培训基地；著名的“梁嫂发糕”是市领导命名的特色品牌，广告词写道：“老家的味道，面是无公害的小麦，枣是五百年的古枣，蒸是纯手工的工艺，很有味道……”

与小堤村一起发展起来的还有南街村，改造后的古民俗步行街仿佛走进了“清明上河图”的意境之中，300余间门面店铺带动全村旅游、商贸、餐饮等第三产业快速发展；而有“诗书之乡”之称的南街村是全国文明村（镇）和河北省书法示范村，以恢复成立于清同治二年（1863年）、邯郸三大书院之一的“继志书院”为切入点，将承载文化交流、民俗展示、文艺演出和文艺培训等多种功能。

在项目运行过程中，“绿十字”规划设计和软件运营团队将项目软件推进分为三个阶段：第一阶段建立合作社，确立各村农业产业的模式和产品方向，选择代表进行农妇培训、女红培训和养殖培训，建设“孙君院子”（民居样板房的展示），开展对“绿十字”乡建对接人员的培训，培育网络销售和电商，农副土特产品的设计和开发，落实资源分类工作并建立相应的制度，搞好党建、村建和家建，奠定乡村自治的基础等。第二阶段，对示范户和积极分子的房子进行软装，确定其经营模式，搞好合作社的分配工作，完成农副产品订单制示范地。第三阶段，作为一、二阶段的深化、完善、总结并形成制度，加盟乡宿品牌、农产品示范基地，扩大示范区域和“9000标准”，带动一片，划分新农人、传统农民和职业农民，建设好三个家——鸟在树上安家，人在地上安家，微生物在河道安家。

2017年1月11日，邯山区承办的2016“CCTV寻找中国最美乡村推介活动”的评选颁奖活动在邯郸大剧院隆重举办，小堤村入选“中国十大最美乡村”；2017年3月1日，小堤村入选邯郸市教育实践基地；2017年4月25日至5月10日，首届创意气球嘉年华在小堤举办；2017年5月19日至21日“5·20”荷泽古镇美食节在南街村举行；2017年5月28日至30日，古枣小堤首届枣花旅游文化节在小堤村举行；2017年10月，由河北省委宣传部、新闻出版广电局、全民阅读活动组委会办公室组织开展的河北省全民阅读“书香系列”评选活动中，小堤村获得“书香之村”荣誉称号。

（十二）“阜平富民，有续扶贫”花山村软件项目

河北省阜平县城南庄镇花山村坐落在优美秀气的胭脂河边的山沟里，辖花山、抗沟、花沟掌3个自然村。由于位于太行山区，荒山多、耕地少，吃水靠肩挑、各色旱厕脏，与现代的生活严重脱节，村里的贫困人口占了村里的大多数，主要靠对外输出劳动力生存。2013年元旦前夕，习近平总书记到访阜平，精准扶贫的政策很快落实了下来。

花山村自然生态良好，周围山坡植被覆盖率高，林间沟壑多花草，富有诗情画意，从阜平县城到花山村仅仅需要半小时车程。1948年5月18日，毛泽东同志在城南庄的住所被敌机轰炸，第一时间转移到这里，并在花山村居住了

花山村清农学堂基地

毛主席在花山村所住的民居

9天。房子的后身，还有着当年掏的防空洞。随着阜平县扶贫工作展开，花山村的基础设施建设热火朝天地进行着，便利的交通必将让更多人了解这个美丽的小村庄。

2015年中国城镇化促进会城乡统筹委走进阜平，协助阜平县政府开启了一场异常艰难的攻坚战，2017年3月，“绿十字”进入阜平县城南庄镇花山村，义务开启了“阜平富民、有序扶贫”花山村软件项目。扶贫不仅是物质上的扶贫，思想上的扶贫也必不可少。从乡村建设开始，“绿十字”就让村民彻底改变思想意识，从做总规设计时，就要让硬、软件同时启动，让村民直接参与建设和经营，才能促进在外的年轻人回来经营自己的家园。2017年5月，“绿十字”通过组织座谈会发掘村民特长，并有针对性地组织村民代表到“绿十字”设立在四川绵阳的农妇培训基地参加培训，7月到嵩山禅心居“绿十字”中国女红培训基地参加培训。同年12月10日至12日，在花山清农学堂开展了为期三天的零基础电商培训，用村民听得懂的话、用村民喜欢的方式进行讲授，使他们主动接受新技能。电商技能作为软件系统建设的重要组成部分，掌握必要的技能、技巧，吸引客源、打开销路，让深山里的优质农产品走出去，这也是后期乡村运营成败的关键。

2017年12月21日，花山女红工坊在村里正式落地。让年轻人回来是阜平脱贫、防止返贫的关键所在。

后记 与孙君面对面

问：画家、村主任助理、艺术家、“绿十字”创始人、乡建院创始人……您有很多的身份标签。请问，您是如何看待这些身份的？最看重哪个？又最认同哪个？

答：人活着，总是会往前走。我以前写过一篇文章，叫作《一个画家的新农村梦》，里面提到农民和画家。中国在100年前没有设计师，现在有设计师以后，再加上画家的身份，可能会做得比任何时代都好，所以我们才有了后面一系列有关乡建的做法。这个过程中，我觉得变是正常的，不变是不正常的。变，说明我们一直在进步。在做这些事情的时候我有很多职称，画家、村主任助理、“绿十字”的顾问、清农学堂的总督学，这几个职务是比较稳定的。但对我们来说，“绿十字”是工作的主体，是源头；对我个人的职业来说，画家是我的本分，所以我对外介绍的时候比较简单，就是画家和村主任助理。我做“绿十字”这么多年，因为是做公益，所以名和利想得比较少，有舍才有得嘛。但我们对外的宣传，有时候是需要身份的，人们需要有一个渠道去了解你是干什么的、做过哪些事情，他一看你的身份就知道你做哪些事情，所以职务更多的是这个作用。我觉得职务越少越靠谱，称呼也是这样的。我最喜欢的称呼就是孙老师，剩下的都不重要。

问：您说过，您是因为做画家到乡村写生，感受到乡村环境、传统、人文与现实中的落后、败落、空虚之间的落差，而开始投身到乡建的。其实，无论是画家，还有很多其他行业的人，有您这种想法的人肯定很多，但是真能做这件事和坚持这么长时间做这件事情的还真是不多，那您觉得主要的动力是什么呢？

答：主要的动力来自于我们自己的感受。

“绿十字”从2003年在做堰河村的时候确定了基本定位，到2013年我们用10年时间规规矩矩在做项目、做实践。我们做到了，这其中的成功或者失败都很重要。做到第五、第六年的时候，我们想这10年做完以后，再做培训、做咨询，路径是清晰的。到2013年以后，我们开始转型。我们为什么做这些事情，是有多重元素的影响。首先，我们在乡村的时间长了，对农民和农村有感觉也有感情，也会知道在今天中国的乡村建设当中，从政府到社会到学者到专家，真正能够知行合一地做这个事的人特别少；其次，在过去的近百年中，能把乡村建设做成的人就更少；第三，能够把项目做成，并且把实践转化成理论，又把理论转化成培训和教育的人就更加少。我们觉得这条路虽然有人在走，但都没有把它走完。我们已经走了第一步和第二步，那是不是要继续走第三步和第四步呢？

任何一个社会的发展，教育和人才是根本。在1911年辛亥革命之前是洋务运动，它最大的贡献就是派出了一批学子到美国、日本去留学，当时开始有了学堂，为后期的工业革命培养人才。后来的改革开放增加了很多新的领域，为后期中国的城市发展培养人才。从1911年，工业进入中国，使原来是农耕文明国家的中国，变成了以发展工业为主，到了20世纪五六十年代中国快速、彻底地进入了工业文明。到2005年的大规模新农村建设，中国工业文明的原始资本基本成熟，开始有了现代农业。从原来的农耕文明到2005年，中国农村主要面临的问题是没有站在工业文明角度下支持现代农业的人才培养。虽然每年有几百万大学生，却很少有人回到农村。这时候就会觉得中国的乡村建设越走越艰难，越走与初心距离越远。“绿十字”是公益组织，承担着一种社会的使命感，退不下来就继续往前走。我们第一步是从最初的农村建设到现在开始做城乡一体化，这一步的跨度非常重要。第二步是从做实践开始转入做理论与教育，只有理论才能传播，再从理论延续到教育，来培养乡建人才。哪怕这个时间很慢，但是一定要往下走，这就是我们从最初走到今天的过程。中国的乡村建设，极少人能够由实践转换成理论，再把理论转化成教育，用教育培养人才再做乡建，还没有一个完整的系统支持。“绿十字”做到了有实践、有案例、有理论、有基地、有培训，对一个只有五六个人的民间机构来说，这件事困难重重，但做总比不做好，一步步往前探，能不能做成谁也不知道，但我们一直在努力！

问：您参与的第一个乡建项目是哪个？是什么机缘让您这个画家成为设计

师和主创呢？

答：1999年至2000年，北京“地球村”打算建一个展馆，邀请设计单位来做。当时我从中央美术学院到那边，一边做志愿者搞些活动，一边画环保画，农村的两个村干部有矛盾，我在其中调节，承担村干部工作，还给农民分工做工作。当时的项目非常火，有很多领导人和国外的专家来这里开会，需要建一个会议室，设计公司设计了一个北欧风格的建筑，而不是北方的农村建筑，设计师改了很多次都不行。后来，我就根据当地的环境画了房屋样式，让当地农民盖起了房子。这件事给了我很大感触，我隐隐地感觉到，设计师学会的知识是不会变通的，而没有受到多少教育的农民反而做得很好，那什么叫学问？什么叫文化？

堰河村银杏山庄

在2003年，我又接了堰河村的项目。村子里有一个炒茶房废弃了，位置特别好，叫银杏山庄，要拆掉重建。当时政府办公楼建得像欧式风格，当地的领导说这方圆几百里就它最好看。但是我觉得不好看，因为它不符合农村的乡土人情。于是，我画了效果图交给正规施工单位，可他们说建不了，因为不符合规范，而且工程太复杂。我又找到本地的施工队，他们说按照图纸建造没有问题。建造完成之后非常漂亮，成为湖北省第一个五星级农家乐。当时春节期间正好要拍一部电影叫《茶色生香》，演员们住进了我设计的房子，都十分喜欢。这件事引起了当地政府的注意，就把我的名字用铜版刻好镶在了墙上，我就在这时从画家转换了身份，成了设计师。后来再建造房子，大家就不找设计师而去找我，我也学习了施工图的专业符号等知识。堰河新村要盖 13 栋房子，建造已经标准化了，开始作图、做设计、做施工图，还要寻找湖北汉江地区的地域文化元素，既能和建筑融合一起，又给人一种现代化的感觉。房子建完以后，华东科技大学、清华大学等很多国内的高校，还有国外的设计师都去看这个设计，大家都认为这个设计从功能、设计、美观、语言都很好，我有了信心。也就是从这时开始，我们就从原来单纯做环保的项目，扩展到实际的设计内容。

问：您提出“把农村建设得更像农村”，也强调要把城市元素融入乡村，那么，“更像农村”的标准是什么？

答：“更像农村”应该是这样来理解的：农村本来就有山、有水、有鸟、有很好的自然环境，只要能够搞干净，再把城市元素融进去，让村民的生活便捷、舒适，比如服务、网络、交通等方面，让人觉得方便，我觉得这是“更像农村”的基本要素。

城市生活的便利融入之后，就会比以前更适合居住，除了吸引城里人来，也会吸引农村的年轻人回来，留守儿童就没有了，空巢老人也没有了……这样一来，就是我常说的“年轻人回来了，鸟回来了，民俗回来了”，这就是属于这个时代的比以前更好的农村，是一个更像农村的农村。像郝堂村，现在有 85% 左右的年轻人都回来了。什么叫安居乐业呢？安居在这里，房子是自己的，又有农地，农闲的时候可以打打杂工。安居乐业特指的就是中国乡村的状态，让从城市来的游客繁忙的生活状态得以缓解。

问：我们有很多年轻的设计师有一份责任心、一份情怀想投入乡村建设中，对于年轻的设计师，您有什么建议？

答：首先，现在的设计师基本上是现代大学体系下出来的，无一例外肯定没有做过工匠、手艺和基层的经历，如果做乡村没有在乡村待过，如果做城市也不了解城市，是不完整的。今天的城市建设、建筑基本上是苏联的结构，单体建筑大多数是欧美结构，室内设计是北欧结构，也就是说这三个系统都缺乏中国自己的文化与工艺结构。我们的教育是在这个大环境下出来的，最致命的是很多时候都是钱在指挥设计师如何做，这几乎把中国设计师的尊严彻底毁掉，把他们的职业道德也毁掉了。从本质上来说，这不是社会的原因，而是自身的原因，设计师应该具有坚守职业道德的责任性和社会性。“绿十字”做项目，从最初只是三间小房子，到后来堰河新村的 13 栋房子，而那 13 栋房子其实起了特别重要的推动作用。不认识我的人看到作品，发现作品非常好、有感觉，空间设计得有道理，实际的舒适度、采光、冷暖关系都建造得非常清楚。我觉得，作为年轻的设计师，要对现有的知识结构进行调整，能踏踏实实地把农民的小房子甚至小院子建好，不要去求全、求大，在你的知识范围里尽量去按照自己的感觉做。只要把道理讲给农民听，把关系处好，他们是非常好沟通的。

其次，现有的知识结构是教育体制造成的，提高就在个人了。设计师是创造美的，所以一定要懂艺术，也一定要有文化、懂历史，对传统建筑、现代建筑、艺术、书法等知识都需要学习。“功夫在诗外”就是个道理。而现在的年轻设计师，大多数只关注专业知识，不关注边缘知识。我是画家，可以自学跨越到建筑、室内、景观、生态系统等很多领域。知识不是学校老师给的，而是自己学习得来的。年轻的设计师只要有一线机会，就要把设计做好。在这个过程当中，尤其是第一次的机会当中，不要看重得与失。舍与得的道理许多人都明白，但不一定能做到。当初有一个很大的博物馆找我设计，我说：“我不要钱，我设计完你给我建好就行。”但现实中很多人如果不给设计费，就不去做了。年轻的设计师要把心态和力道矫正过来，一开始没有知名度、没有影响力的时候，人们能给你建造，其实就是在给你机会，应该这样去调整心态。

问：“绿十字”这么多年发展下来，有很多设计团队加入，像您说的从最开始的几个人，慢慢到现在团队的壮大。请问在整个做项目的过程中您是怎么将年轻设计师和新加入的团队带出来的？

答：我并不怎么“带”他们，更多的是让他们到村里待着，自己琢磨。有的设计师去了村里，农民不让盖房子，门都不让进去，得自己想办法。我们也经常发资料让他们学习，更多的是这个过程中一定要自己跑，碰到南墙最后就会回来，遇到问题多请教。不要彻底否定年轻人的设计方案，一点点地调整，留点遗憾也没问题，要坚定设计师的信心。当项目做完以后，拍下照片，回到办公室自己从头到尾看一遍，下次就明白如何调整了。自己做一段时间，觉得成熟了，再看看还有什么问题。最后，当然是美学的问题，比例、阳光和建筑的关系，以及空间和树木的关系，这些已经跨越了设计概念。例如，这家女孩偏多，颜色偏艳，设计房子就要偏素一点；那家只有两个老人，想让环境变得热闹温馨，颜色就要稍微做亮一点，这已经是心理因素的问题了。中国人的家庭一定要有中堂，大门和边门、柴门的关系，大门、农民房子和墓地的关系，活人的房子和庙的关系都是纵横交错的。这个过程当中，不同的团队知识结构不一样、经历不一样，南方与北方都有差异，所以每一个团队就是有点像师傅带徒弟，不同的人不同的带，但都是通过项目去带。设计师不仅仅要把房子建出来，重要的是建出来以后让它活下来，赋予房子生命，使其变成万物中的一个生物链。产业、生活、收获、结婚、养孩子、土壤、产品一系列的问题，这个接口设计师要跟它对接，再将结构跟设计对接，慢慢培养设计师的空间感与建筑生命感。它不是一个建筑，只是村庄生命体当中的一个元素而已，把设计概念再度缩小，把生活和生产的社会性放大。农道设计师和很多设计师不同，他们已经突破了一般概念上规划设计师所要面对的范围，并将范围扩大了很多。驻场过程中，设计师经常能从老工匠那里学到传统的方法。

问：您选择合作设计团队的标准是什么？

答：第一从农民角度，要让农民喜欢；第二从我们的角度，设计风格要清晰；第三从政府的角度，成本不能太高，还要有实用性；最后从市场的角度，大家能接受和认可它，而不仅仅是阳春白雪。作为一个设计师，这些是需要具备的基本要求，说起来简单，但并不容易做到。我们本身在挑选设计师上比较慎重，要清楚每个设计师的强项、弱项是什么，比如我们在长沙做项目，就尽可能在湖南找团队来做。好设计师不多的原因在于，经过社会历练的人设计能力都很强。知识越密集的地方，能力越弱。我们现在的设计团队，大多数都是从小工作室或者小设计院出来的，甚至不是设计师而是一个项目管理人员，或者他什么都不会，但能够切实接受理念。我们农道设计院已经是综合性设计院，不再是以设计为主，是一个综合性的跨领域的多学科的设计团队。这对于未来中国乡村建设设计行业来说，也有示范作用。

问：“绿十字”大概有 85% 的项目是政府采购的，在思路、理念、方法、方式上有很多冲突怎么办？

答：现在与政府之间的冲突很少了，“绿十字”的很多理念在政府官员间已经传播开来，正确的、前沿的、对社会有利的理念就会传播。在这个大环境下，我们做事情很顺利了。目前存在的问题是项目具体落地时的体制和机制上的问题，对我们来讲依然是障碍，一直没有突破。但是好在与我们合作的政府官员心里有所准备，相对来说使我们做项目更顺畅一些。

问：每个项目，您首先提出的一条就是村民必须要直接参与到项目中。您认为在整个项目中，“绿十字”、政府、村民这三部分各自承担的工作比重是怎么样的？

答：总体来说，美丽乡村还是以政府为主体，政府层面的比例占到50% ~ 60%。我们特别希望村支两委承担更多的工作，但是目前的体制决定了村支两委是跟班，我们也在努力说服政府把它们变成主体，所以现在村委会的工作也只能占到30% ~ 40%，然后设计师占到10% ~ 20%，基本是这个比例。从小堤村的反馈来看，这个项目获得了政府村民的一致好评，具体原因第一是领导重视，第二是村支两委团结，第三是设计得很好，第四是整个设计施工团队特别认真，第五是我们大家都参与其中，但最重要的还是政府有很大的投入。我们现在做的项目还是受政府掣肘因素非常大，但是市场也在慢慢生长，偶尔还会有补充得很好的方面。现在政府更换领导基本上还有延续性，不会对项目造成很大影响，这也是进步。

问：在“绿十字”的项目里，社会资本或者社会力量介入得多吗？

答：有几个。比如像三瓜公社就是100%的社会资本，做得算是比较好的。目前正在做的是和碧桂园与开封大宏集团合作，以前也曾和招商、恒大、加多宝集团合作过。社会资本介入的项目成功率是偏低的，而政府主导的相对较好。因为政府不是一个利益团体，所以政府更多的是希望老百姓过好日子，投入得多，只是方法与体制上不太稳定。但是社会资本基本是要考虑获利的，农村的利润本来就不多，再把利润拿去，使得它比政府项目还要追求短平快。从另一个方面上来讲，农业市场严重缺少资本、缺少农产品深加工、缺少交易与品牌，从这一点来说，如何引入资本、保证资本利润是我们必须面对的。农村的市场有其特殊性，快不了，政府了解这一点，而企业并不那么了解或者从经营角度是不允许的，所以很多时候和企业打交道更困难。在中国，大资本进入乡村的几乎是全军覆没，资本市场的性质决定了它很难进入农业。所以中国的现代农业为什么都远离市场，是有道理的。远离市场，就不受市场影响，就不会有破产、下岗、待业的问题。市场在快和慢当中，有两种选择，选择大资本、大市场，问题和性质确定了就是会亏损。我写过一篇文章叫《大资本下乡为何总是阵痛》，从人力资本、产业、市场行为、规律性等方面讲解了它们之间的差异。所以，社会资本参与农村建设、现代农业的市场化，还需要有个适应和转变的过程。

问：这次中国乡村建设系列丛书出版，共有9个项目入选实践篇。请您对这9个项目案例逐一做个简短的介绍和点评。

答：这9个项目各有特色，有很好的典型性和示范作用。

第一个是河北省邯郸市小堤村。

小堤村村标

这是所有项目中最难做的，见效最快，也是收益最大、最具示范性的项目。因为在河北的村庄中很多文化、历史都被破坏了，当设计师看到小堤村时欲哭无泪、束手无策，这类先天不足，没有山、没有水、没有老建筑的平原项目，如何建好是个巨大的挑战。所以，在小堤村设计中，硬件比软件还难做，因为软件是文化，邯郸是有文化底蕴的。而从项目周期上看，建设时间很短，因此政府和我们也在提倡，不要改动太大，以点带面，如果都改的话，大家都做就失去示范的意义了，最终做古枣园、铸造厂、指挥部等几个重要节点。同时，小堤村项目的完成，还因为政府有决心、有力度，原邯山区委副书记冯晓梅作为主要领导很配合，我们每到一站她都会来，亲力亲为。此外，从示范价值来看，小堤村的建造工艺和质量，都已经很不错了。

第二项目河南省信阳市丁李湾，是比较早的古村落之一，它的历史和文化保护最为完善，所以选择最优秀的团队——上海农道乡村规划设计有限公司（以下简称“上海农道”）来打造，“上海农道”设计师做得细致，时间控制、成本控制、细节处理都做得很好。宋微建老师是做室内设计的，更有优势，他是可以细到一颗螺丝钉的。

设计伊始，我们带着古村落保护究竟该如何下手的疑问去做的。究竟该怎么做，和宋老师也有沟通，我们确定的方针不是保护而是激活。保护法是先保护后发展，我们的保护和保护法是倒置的。因为不能为保护而保护，要让老房比以前生活更方便、让年轻人回来很重要，激活古村才能有保护和发展的可能和空间，这样做更加主动，否则很被动。而在建设过程中，我们是在做减法而

丁李湾村春景

不是加法，要尽可能保留它原始的面貌。这也是后来大家印象最深刻的一点，到过丁李湾的人都感觉它没有变化，但其实它所有的地方都改动了一遍，这说明做对了，说明我们的设计既保持了功能又保护了古村落，使之成为未来农村保护的一个经典案例。

第三个项目是灾后重建的戴维村。

这是四川省雅安市地震后一个将原有自然村合并移址建设新村的项目，我们特别想把中西文化的元素融入其中，这也是之前一直想做但没有实现的，这

戴维村风光

次刚好有了实践机会。阿尔芒·戴维（1826—1900）是法国传教士，他在附近的山上设计并建造了一所融合了川西建筑元素的、中西合璧的教堂，并把中国的大熊猫和麋鹿推向了世界，村里很多人因为戴维的影响信仰天主教。他对中法文化的交流和推动起了重要的作用，也是当时朝廷任命的官员。在项目设计中，我们在川西本土建筑和戴维设计的教堂之间找到了建筑符号元素——十字架，所有的设计基本上延续了之前的教堂形式，把相关元素移植过来，并很巧妙地加以运用，贯穿了整个设计，在建筑、中西文化、水系、村庄建设的所有因素都考虑得很周密，既让大家感觉到两者的联系，也体现了对戴维的尊重。此外，这里的水系设计也非常漂亮，大熊猫的元素体现和运用得非常好，可谓当下中国乡村建设的一个经典案例。

第四个是湖北省荆门市太子小镇项目。

太子山建设纪念碑

太子小镇是个比较特别的案例。太子小镇是一个国有林场所在地，并非纯粹意义上的乡村，这里的人们是国有企业的员工而非农民，可以说是从美丽乡村向特色小镇的转型，我们给它的定位是适合劳动和读书的地方，因为之前有做美丽乡村建设的基础和经验，为做小镇建设做了铺垫，目的在于为中国未来的特色小镇建设提供特色和方向。之前太子山是零产业状态，什么都没有，但在我看来，它有农业，有农民向往的水电、基础设施等；此外，镇上所有的人都会种花种草，都可以当技术工人，满山都是植被、果树，加上周围更大范围内的风景区，这个特色是其他小镇没有的、独一无二的。设计是单向，规划是未来的。特色不是搬来的、不是买来的、不是做出来的，一定是它自身有的。现在特色小镇建设以它为蓝本，而在当时特色小镇还没有引起人们特别的重视，我们好多项目都走在乡村建设道路的前端。

第五个项目辉山村在安徽的亳州市涡阳县，相传是老子故里。项目由安徽农道建筑规划设计有限公司（以下简称 “安徽农道” ）承接。辉山村特点不明显，文化、生态环境都不是太好，主管领导希望我们能快速做出样板来说服政府并取得初步的信任。我们先从辉山村切入，从民房改造、历史陵园、小学、公共空间、资源分类、参观培训等方面进行改造。

辉山村民居一景

我们发现项目负责人沈欣对整个团队的统筹能力和与政府的谈判能力很强，项目步骤、条理清晰，人员配置合理，项目进度松弛有度。其次，我的学生张承宏也经过了很长时间的锻炼，辉山村是完全由他主导的项目，这对他来讲也是一次挑战，他非常希望能做一个成功的项目。

这个团队从张承宏到负责人沈欣都是第一次介入乡村建设。项目进行到近一年的时间时，所呈现出来的结果政府还是非常满意的，“安徽农道”团队的执着精神和专业度为涡阳县二期建设和众多的推进及乡村振兴做了很好的铺垫。

第六个项目是金岭村。

在做湖北省孝感市金岭村的项目之前，我们已经设计了很多古村落，包括传统村落，前后有六七个，总是留下很多遗憾。我们接触到金岭村以后有一个强烈的愿望和信心，就是做一个集大成的、精致的传统村落，把它做到极致。

金岭村风光

这个村庄没有留存人工干预的痕迹，但又保留了残缺和遗址的美，并把它无限放大，这种感觉特别强烈。所以金岭村在我们现在传统村落修复当中，就建筑、环境、技术层面来说，尤其结构、安全系数和工艺非常完美，已经做到了极致。现在，这个项目的运营方面刚刚开始，还不是太理想，仅就规划设计、建筑设计这一部分而言，它应该是中国传统村落和古村落保护当中的杰出代表。

第七个是湖南省怀化市会同县高椅村。

这是一个侗族的村落，中国十大古村落之一。湖南省文物厅特别强调古村落

高椅村俯瞰

的建设要十分小心，国家文物总局强调以保护为第一原则设法激活古村落。所以当时接这个项目我们还是挺有压力的，因为慎重，我们前后换了三拨设计师。

村落离洪江古城和凤凰古城很近，规模大、人口多，基本上没有空心化。在建造过程中，我们是按照先发展后保护来做的。高椅村因为受到长期的保护，水系、道路基本上全部缺失，我们首先做的是打通所有水系，接着是把下面的路全部换掉，并解决老村子都有的水电这一大类问题。第一步是恢复公共设施。我们的目标定位是让高椅村再“活”500年，所有跟它不搭界的房子，能拆的拆、能改的改，在村落中第一个改造就是一进村的三层楼——公交汽车站。完工后，房子改得极其经典，当地政府一看非常放心，紧接着让我们去改镇政府。传统村落一种是全村都是一样的建筑，还有一种是在发展过程中各个年代的建筑都有，这就叫“传”，传是过程。所以镇政府从这个角度出发，除了古村落以外，也要展示各个时期的侗族建筑，要去理解每个时代的传统建筑，包括保留“文革”时期的建筑。镇政府改造以后，周围所有人都来看，发现各个年代的侗族建筑很漂亮，重新解读了传统。

紧接着开始把村里面重要的景观、水系，公共的亭、栏、泊、店、庙、村标全部梳理出来，树立在古村落当中。首先将村落调整到要让人能住进去，让人们喜欢它、能够保护它，再从合作社、品牌设计、民俗、学校、图书馆、咖啡馆等一点点地开始渗透。现在大的改造进行了70% ~ 80%，后面开始进入运营系统中，重点是要全力回避旅游和商业化，更多地让村民安居乐业，让游客看到村民真实的生活方式，才能把村落保护下来。这种古村落保护和激活的

洞庭渔村

方法，可能会成为未来中国古村落中重要的方法手段。

第八个项目是位于湖南省常德市的洞庭渔村。

我们借助洞庭湖的名气，将其定位成渔村，农业和渔民、公园、常规产业以及农业集体化等几个元素都加入进去，考虑怎么把农业做成公园。这个公园不是我们想象的人为过度干预的公园，我们想把它做成具有时尚感觉的、精致的建筑，用旅游市场、农业、公园来推动一个常规农业。

洞庭渔村是新村，由搬迁而来的新村改造和新城建设组成。洞庭渔村形式总体上是根据日照、采光、年降水量、温度、生活方式、生产方式和地域材料等特殊环境确定而成。另外，因建筑比邻洞庭湖，故整体建筑要营造临水的感觉。建设过程中，我们同时要考虑到村民的具体生活方式、生产方式、便捷程度，以及未来做旅游的可能性。目前，洞庭渔村项目已经进入建设和后期的收尾阶段。整个村庄的基本业态、现场的建设质量、空间尺度感、渔村的感觉，和效果图非常接近。

最后一个是湖南省郴州市汝城县金山村。

金山村项目是我们做的古村落当中祠堂文化保护得最完善的村落之一。汝

金山村荷塘

城有 3 个国家级的祠堂，全县有 3000 个祠堂，所以祠堂文化是设计的重点，但一直没有切入进去，我们希望保留祠堂原有的功能不变，但有些东西是可拆卸的，选取有代表性的祠堂或供人观摩，或做书院给村民、儿童读书学习使用，或用于游客参观、村民集中开会等，增强它们的实用功能，最终的目的是把祠堂激活，才更有价值。但是因为政府对于祠堂部分比较慎重，所以这个计划还没有实施。同时，金山村的老村和新村破坏性比较大，当时我们用了一个简单的方法给新房子进行改造，对新建的房子进行统一外表处理，用乡村黄泥做装饰，又快又有乡愁感，关键是每个整修阶段能把控在政府标准之内。此外开发种植了 100 公顷的荷花，打造“千亩荷塘”的旅游产业荷花。现在正在建一个大的公共设施“草棚”，下一步还要再次推动村民自治中的村建、党建、家建“三建合一”的未来中国现代农村农业的管理模式。金山村项目完成了 50% ~ 60%，按周期来说应该是结束了。但政府有一些观念的改变，比如将美丽乡村从 3A 升为 4A 景区，定位变了、重心有所偏移，所以改造过程没有想象中的那么快，也没有完全按照建设进度走，后续还需要再探讨。

从这些项目的整体看，平均来说，我们一个项目的周期一般是两年。时间太短，做得不扎实；时间太长，政府和村民的依赖性太重，我们希望政府、村民能够更重视自治与建设的双重关系，在稳定中建设，在激活中自治。两年是个比较合适的周期。但很多项目在两年协议期后，我们还持续提供了一些服务和支持，目的是让项目做得更为完善，让各方更满意。《给我三个春天》是我的一本书的名字。一个村落修复与建设最合理的时间是三年，会经历三个春天，这是最理性的建设时间。

图书在版编目（CIP）数据

把农村建设得更像农村. 理论篇 / 孙君，徐宁著
. -- 南京 ：江苏凤凰文艺出版社，2019.3
ISBN 978-7-5594-3251-3

Ⅰ. ①把… Ⅱ. ①孙… ②徐… Ⅲ. ①农村－社会主义建设－研究－中国 Ⅳ. ①F320.3

中国版本图书馆CIP数据核字(2019)第016051号

书　　　名	把农村建设得更像农村　理论篇
著　　　者	孙　君　徐　宁
责 任 编 辑	孙金荣
项 目 策 划	凤凰空间/周明艳
特 约 编 辑	王雨晨
内 文 设 计	张仅宜
出 版 发 行	江苏凤凰文艺出版社
出版社地址	南京市中央路165号，邮编：210009
出版社网址	http：//www.jswenyi.com
印　　　刷	北京市雅迪彩色印刷有限公司
开　　　本	710毫米×1000毫米　1/16
印　　　张	12.5
字　　　数	300千字
版　　　次	2019年3月第1版　2023年3月第2次印刷
标 准 书 号	ISBN 978-7-5594-3251-3
定　　　价	78.00元

（江苏凤凰文艺版图书凡印刷、装订错误可随时向承印厂调换）